A+U高校建筑学与城市规划专业教材
浙江省高校重点建设教材　浙江省省级建设精品课程

建筑课程设计指导任务书（第二版）

主　编　李延龄

中国建筑工业出版社

图书在版编目(CIP)数据

建筑课程设计指导任务书/李延龄主编. —2版. —北京：中国建筑工业出版社，2012.1 （2022.8重印）
A＋U高校建筑学与城市规划专业教材．浙江省高校重点建设教材　浙江省省级建设精品课程
ISBN 978-7-112-13999-6

Ⅰ.①建…　Ⅱ.①李…　Ⅲ.①建筑设计—高等学校—教学参考资料　Ⅳ.①TU2

中国版本图书馆CIP数据核字(2012)第013141号

本书分3章，分别是基础设计阶段题目：8×8×8立方体小住宅设计，茶室设计，别墅设计，售楼处设计，社区活动中心设计，学生信息服务中心设计，幼儿园设计，建筑师之家设计，老人之家设计；第2章提高设计阶段题目：某12班小学设计，大学生活动中心设计，长途汽车客运站设计，山地旅馆设计，城市快捷酒店设计，医院建筑设计，主题博物馆设计，美术馆设计，建筑系馆设计；第3章综合设计阶段：高校图书馆设计，高层办公综合设计，步行商业街外部空间设计，国际学术交流中心设计，住区组团规划设计，施工图设计。

* * *

责任编辑：杨　虹　朱首明
责任设计：赵明霞
责任校对：张　颖　王雪竹

A＋U高校建筑学与城市规划专业教材
浙江省高校重点建设教材　浙江省省级建设精品课程
建筑课程设计指导任务书（第二版）
主编　李延龄
*
中国建筑工业出版社出版、发行（北京西郊百万庄）
各地新华书店、建筑书店经销
北京天成排版公司制版
廊坊市海涛印刷有限公司印刷
*
开本：787×1092毫米　1/16　印张：$17\frac{1}{4}$　字数：420千字
2012年2月第二版　　2022年8月第十四次印刷
定价：**35.00**元
ISBN 978-7-112-13999-6
(22051)

版权所有　翻印必究
如有印装质量问题，可寄本社退换
(邮政编码 100037)

——本教材编写学校及编写成员名单——

主 编 学 校：浙江工业大学之江学院
主 编 人：李延龄
参 编 人：刘 鹫　陈立峰　杨晓莉　冯 静　付盈盈

参编学校及人员：（排名不分前后）

学校	人员
浙江理工大学	崔 艳
浙江理工大学科艺学院	王 渊
浙江农林大学	沈 瑜
浙江建设职业技术学院	冯凌英
浙江大学宁波理工学院	张克明　周璟璟
	陈益龙
浙江万里学院	王亚莎　形双军
厦门理工学院	许勇铁　黄庄巍
	陈文德　王培辉

第二版前言

本书第一版出版已有四个半年头,在这四年半中得到了广大教师与学生的支持和使用。通过不同途径我们了解到一些学校的使用情况,普遍反映较好,尤其是应用性本科院校,一致认为该教材实用性较强,使用方便既可作为教师备课的参考资料,也可作为学生自学的好教材。在广泛征求使用情况的同时,也得到了许多宝贵意见,这对我们的再版提供了及时的信息和极大的帮助。在此,我们对这些学校表示深深的谢意。

由于受到广大读者的好评,该教材在2010年底被浙江省教育厅评选为"浙江省重点教材"。在此基础上我们进行了第二版修订。

本次修订,其最大特点还是面向广大的应用性本科院校,强调"实用性"。在原有教材的基础上,对每一个设计题目进行了梳理与整书,其内容有较大的修改,首先更新了"指导要点与设计思想",同时,调整了最新的"参改书目"和"参改图录"。然而,在每个题目的指导要点中增设"造型设计"一小节,更有利于学生的指导和自学。并在原有18个题目的基础上进行适当的调整和新增至24个题目,让广大教师有更多的选择余地,尽可能地以最新的面目展现给大家。

本次修订将所有24个题目不依教学年级的顺序排列,而是按课程设计题目的难易程度,依基础设计阶段、提高设计阶段和综合设计阶段的顺序编排,这样编排更便于广大教师的选择。同是五年制的本科建筑学专业,每个学校的师资力量有差异,招生对象有不同,培养方案的重点自然也会有不同的,有的学校一年级下就开始进行课程设计,而也有学校是在二年级上学期才开始进行课程设计,可以说各校均有自己的特点。在使用中,各校可以根据自己学校的情况进行选择,培养出不同特色的专业人才。

本次修订得到8所院校19位教师的支持和参与编写,具体分工如下:李延龄老师负责:茶室建筑、商业步行街、建筑施工图设计题目的编写,以及整书的统稿工作和整书的编写指导工作;刘骛老师负责:售楼处建筑、图书馆建筑设计题目的编写;陈立峰老师负责:8×8小住宅建筑、大学生活动中心建筑设计题目的编写;冯凌英老师负责:别墅与幼儿园建筑设计题目的编写;杨晓莉老师负责:长途汽车站与山地旅馆建筑设计题目的编写;冯静老师负责:高层办公楼建筑设计题目的编写;傅盈盈老师负责:住宅小区建筑设计题目的编写;崔艳老师负责:中小学校和美术馆建筑设计题目的编写;王渊老师负责:建筑师之家、医院建筑设计题目的编写;沈瑜老师负责:建筑系馆题目的编写;王亚莎老师、邢双军老师负责:博物馆和城市快捷酒店建筑设计题目的编写;张克敏老师、周璟璟老师、陈益龙老师负责:社区活动中心与大学生信息中心建筑设计题目的编写;许勇铁老师、黄庄巍老师、陈文德老师、王培辉老师负责:老人公寓与国际会议中心建筑设计题目的编写。

在本次编写过程中，我们更新了许多建筑实例和设计参考资料。这些图，有来自各大设计院的，也有来自国内外书刊的。在此，对这些资料的作者和设计人员深表谢意，如有引述不妥之处望请批评指正。

由于编写时间较紧张，在本书的编写过程中一定会存在不少缺点和不足，以及一些不必要的错误。在此，真诚希望有关专家、学者及广大师生批评指正，以便我们在以后的再版或重印时不断修正、完善。谢谢！

主编：

2011.9

第一版前言

本书主要依据高等学校建筑学专业指导委员会编制的《建筑学专业本科教学培养目标和培养方案及主干课程教学基本要求》，全国注册建筑师管委会颁发的《一级注册建筑师教育标准》而编写的。在编写过程中既有我们多年教学的经验积累，也参考了各兄弟院校的课程设计任务书。

本书编写是为了给广大建筑院校教师与学生提供一本既方便又实用的教学用书。

目前，出版界虽已出版大量的建筑书籍，但真正能适合建筑专业的教学用书却不多。每到课程设计开始时，教师与学生都为找不到合适的设计书籍而着急。除全国重点大学的建筑学专业外，其余院校的建筑学专业多少都存在师资力量不足和教学资料紧缺的问题。本书的出版可能会对这些学校有一定帮助。

在编写过程中，我们力求图文并茂、精炼实用。在不同的设计题目中我们分别强调了不同的设计重点与要点。从小到大、由浅入深，要求学生能合理地处理好从总图到单体、从平面到造型的各种关系，特别要求学生学习如何抓住不同建筑的个性与设计要点，举一反三，从简单到复杂，逐步扩大和加深对建筑设计的理解，并能综合运用已学知识去解决设计中的具体问题，从而进一步培养学生的独立设计能力和分析解决问题的能力。在编写过程中，我们将难易不同的题目分别安排在不同的年级和学期中，供大家选用。同时，我们也建议各兄弟院校的教师在使用本书时，尽可能地结合本地域的人文环境、气候差异，以及经济条件等方面的因素，对题目进行修改、补充。

本书编写中的章节，按不同年级的上下学期时间段来划分，通常一个学期分别设置为两个阶段各8周，即前8周为一个题目，后8周为另一个题目。为了便于广大教师对题目的选择，我们在不同章节中编写了不同的题目可供选择。至于中高年级中的快题设计，本书尚未考虑，请各校教师自行安排。

本书各部分内容编写分工：

二年级：李延龄、冯凌英；三年级：李延龄、杨晓莉；四年级上学期：李延龄、冯静；四年级下学期：李延龄、傅盈盈；五年级上学期：李延龄、冯静。

为便于学生的理解和参考，我们收集了一些建筑实例图、设计资料。其中有许多图例资料直接选摘自国内外相关书刊，在此，向这些作者和设计者表示诚挚的感谢，如有引述不当之处也请批评指正。徐友岳副教授参与了本书的审核与定稿，在此一并致谢。

此外，由于时间的关系，本书的编写肯定会存在不少缺点和不足，甚至差错。真诚希望有关专家学者及广大读者的批评、指正，以便我们在重印或再版中不断修正、完善。

目 录

第 1 章 基础设计阶段题目 ………………………………………………………… 1
8m×8m×8m 立方体小住宅设计指导任务书 ………………………………………… 3
茶室建筑设计指导任务书 …………………………………………………………… 10
别墅建筑设计指导任务书 …………………………………………………………… 18
售楼处建筑设计指导任务书 ………………………………………………………… 28
社区活动中心建筑设计指导任务书 ………………………………………………… 38
学生信息服务中心建筑设计指导任务书 …………………………………………… 45
幼儿园建筑设计指导任务书 ………………………………………………………… 50
建筑师之家建筑设计指导任务书 …………………………………………………… 64
老人之家建筑设计指导任务书 ……………………………………………………… 74

第 2 章 提高设计阶段题目 ………………………………………………………… 83
某 12 班小学设计指导任务书 ……………………………………………………… 85
大学生活动中心设计指导任务书 …………………………………………………… 94
长途汽车客运站建筑设计指导任务书 …………………………………………… 105
山地旅馆建筑设计指导任务书 …………………………………………………… 117
城市快捷酒店建筑设计指导任务书 ……………………………………………… 132
医院建筑设计指导任务书 ………………………………………………………… 138
主题博物馆建筑设计指导任务书 ………………………………………………… 158
美术馆建筑设计指导任务书 ……………………………………………………… 170
建筑系馆建筑设计指导任务书 …………………………………………………… 179

第 3 章 综合设计阶段题目 ……………………………………………………… 191
高校图书馆建筑设计指导任务书 ………………………………………………… 193
高层办公综合建筑设计指导任务书 ……………………………………………… 208
步行商业街外部空间设计指导任务书 …………………………………………… 219
国际学术交流中心建筑设计指导任务书 ………………………………………… 225
住区组团规划设计指导任务书 …………………………………………………… 232
施工图设计指导任务书 …………………………………………………………… 241

第 1 章 基础设计阶段题目

所谓基础设计阶段，指刚开始学习建筑方案设计的一年或一年多的时间阶段，有的学校一下年级后半学期就开始进行建筑方案设计，也有不少学校是在二上年级开始学习建筑方案设计，在这个阶段我们都称之基础设计阶段。

在这个阶段，刚刚学完建筑初步课程（或建筑设计基础），对建筑方案设计在概念和步骤上还处于一个较陌生的阶段，也是一个启蒙阶段，我们的教学要求也只能通过一些面积较小、功能较简单的建筑设计题目进行训练，从而学习和熟悉建筑设计的方法、步骤与表达。

可以说，建筑初步、建筑制图的学习和训练使学生也画了一定数量的建筑平、立、剖和透视图，但这些图都还是以临摹和抄绘为主，其目的与要求也只停留在识图与制图的基础上。而目前，我们提供给学生的只是一份用文字描述的设计任务书，同学们要通过对任务书的分析、理解，将其转换成一个既要符合建筑使用功能的要求，又要符合形式美要求的一个空间形体，并且将这一空间形体再次全面地、准确地通过建筑平、立、剖等图的形式反映到一个设计图上来，这确有一定的难度。

本教材编入基础设计阶段的题目共有 9 个，这些题目面积以小为主，并逐步增加，其使用功能也相对比较简单。无论选择哪个课题，在这个阶段关键的还是要注重建筑设计构思与表达的过程，从而，培养分析问题和解决问题的方法与能力，这对基础阶段来讲是非常重要的。具体说，如何进行建筑设计的图示分析，怎样绘制建筑功能分析图？如何解决建筑功能与形式的统一？以及如何绘制建筑草图等等。对于建筑设计中的方法、步骤与过程的学习，是该阶段比较重要的任务。

由于，各院校的师资力量会有一定的差异以及招生的生源也有较大的差别，在选题时，建议结合本校的实际情况与培养目标，合理地选择不同的课题。而目前不少应用性本科，出现向重点本科看齐，盲目"拔高"，这种现象可能是比较可怕的。本人建议选择课题时"宁小勿大"，麻雀虽小五脏俱全，腾出更多的时间让学生在"过程"和"表现"上多下点功夫，为后续课程的学习打下良好的基础。

8m×8m×8m 立方体小住宅设计指导任务书

1. 教学目的与要求

通过给出"必须在 8m×8m×8m 的立方体中"这个限定条件,一方面培养了学生对立体构成课程从图形的抽象感觉训练到对实际空间的运用能力的过渡;另一方面,一定的限制性也为初涉建筑设计的学生指明了一些设计方向,有助于消除一些无所适从感,为下一阶段更加复杂的设计作业提供经验。

1)对居住建筑各类功能空间有较全面的了解。
2)以功能相对简单的最基本建筑类型——居住建筑为训练目标,体会建筑空间怎样适用于生活空间,使建筑空间不至于成为中看不中用的空中楼阁。
3)培养学生怎样在一个特定条件下对建筑外部造型与内部空间的构思与推敲。
4)初步了解设计的过程以及设计成果的表达。

2. 课程设计任务与要求

2.1 设计任务书

2.1.1 设计任务

基地为一平整地块,建筑按要求建于建筑红线范围内。要求在长、宽、高均为 8m 的立方体范围内,为一位单身设计师设计一栋兼具居住、工作、娱乐、休闲功能的独立住宅。

2.1.2 设计要求

(1)在 8m×8m×8m 的立方体中,合理分配各个功能空间,要求每个功能空间能符合自身使用要求。

(2)要求小住宅内部功能流线清晰、协调,各个功能空间之间既联系密切又能相对独立。

(3)建筑造型要求有想法、有创意,可适当采取加、减、折、叠等空间体块处理手法,或采用砖、石材、木材、玻璃等不同建筑材料丰富建筑立面造型,但需要保证 8m×8m×8m 这个体块尺寸大前提。

(4)应该考虑室内外过渡空间的处理,通过入口空间的变化,完成从公共空间到私有空间的自然过渡。

2.1.3 使用要求与面积分配

(1) 满足 8m×8m×8m 的体块要求前提下，总建筑面积不作要求。

(2) 必要房间与面积参考

• 客厅：20m² 以上。以方正平面为宜，可以用作休闲、聚会、娱乐等功能，适当考虑朝向、采光、室内外灰空间过渡等舒适性要求。

• 卧室：10m² 以上。要求保证一定的私密性。

• 厨房：5m² 以上。设置应该靠近入口，使用便捷。

• 餐厅：5m² 以上。设置应该靠近厨房，也可以根据需要和厨房合并设置。

• 卫生间：主卫 4m² 以上，客卫 2m² 以上。建议主卫靠近卧室设置，客卫靠近客厅设置，考虑通风宜直接对外开窗。

• 车库：3m×6m 为宜。停一辆车，应考虑停车与人行入户的便利性。

• 工作室：20m² 以上。要求保证一定的静谧度，提供良好的朝向、采光与视线景观等，为设计师的创作工作提供最佳条件。

(3) 除了必要房间以外，在保证 8m×8m×8m 的体块要求前提下，可自行增加其他使用功能的房间，如影音室、健身房、储藏间等。

(4) 客厅、工作室层高要求≥3m，其余房间层高自定，但应符合日常使用要求。

2.1.4 图纸内容及要求

(1) 图纸内容

• 总平面图 1∶300～500(要求全面表达建筑与场地的关系，及周边道路关系)。

• 一层平面图 1∶100(要求表达建筑周边绿地、庭院等外部环境设计，以及建筑内外空间衔接过渡关系)。

• 其他各层平面及屋顶平面图 1∶100。

• 立面图(至少 2 个)1∶100。

• 剖面图(1 个)1∶100。

• 透视图(1 个)或建筑模型(1 个)。

• 关于成果的设计说明，不少于 200 字。

(2) 图纸要求

• A1 图幅出图(594mm×841mm)，张数不限。

• 图线粗细有别，运用合理；文字与数字书写工整；平、立、剖面图一律采用手工尺规工具作图，并作一定的彩色渲染；效果图表现手法不限。

2.1.5 用地条件与说明

(1) 该用地位于某小区内部，如附图所示，建筑红线内为建筑建造范围，用地红线内可以布置绿化、道路等附属景观设施。

(2) 该地块基地平整，朝向端正。东面及东北面毗邻大范围的湖面，有良好的景观视线；西面种植了一排常绿乔木，对西晒有一定的遮挡作用；东面和南面为小区道路，可以根据建筑实际功能布置出入口。

(3) 基地范围以及道路宽度等详细尺寸见地形图。

(4) 地形图见附图。

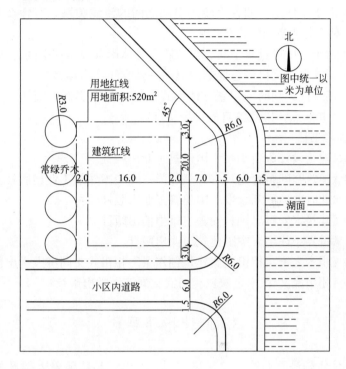

2.2 教学进度与要求

2.2.1 第一阶段

(第一周)讲解任务书，分析设计要点，学习相关设计实例，启发设计思路。

学生开始调研搜集资料。

2.2.2 第二阶段

(第二周)学生汇报调研成果，开始构思设计，绘制一草。

2.2.3 第三阶段

(第三周)讲评一草。

重点分析总平面场地设计，平面功能、交通流线等问题，并且结合功能要求学生开始考虑空间形体造型设计。

2.2.4 第四阶段

(第四周)讲评二草。

分析建筑形体的组合设计，要求学生进一步推敲细节，并确定平、立、剖面图的关系，准备绘制正图。

2.2.5 第五阶段

（第五周）学生绘制正图，制作模型或绘制透视效果图，完善设计说明。

2.3 参观调研提要

1) 结合自身实际感受，对于住宅各个使用空间的尺度以及各种家具的摆放方式有什么体会与看法？

2) 对于小住宅中的各个使用空间之间的流线关系，有什么自己的看法？对于交通空间怎么理解？

3) 对于门厅等过渡空间、阳台露台等休闲景观类灰空间怎么理解？

4) 谈谈自己觉得最重要的家里的一处空间，为什么？

5) 结合搜集到的采用立方体形式造型的建筑实例，归纳出这些建筑有哪些共同点，以及各自的自身特点？

2.4 参考书目

1)《建筑设计资料集》中国建筑工业出版社

2)《建筑空间组合论》（第三版）彭一刚 中国建筑工业出版社

3)《此时此地》刘家琨 中国建筑工业出版社

4)《建筑家安藤忠雄》安藤忠雄 中信出版社

5)《世界小住宅》中国建筑工业出版社

6)《积木之家：相田武文建筑创作录》相田武文 同济大学出版社

7)《相田武文 积木之家》相田武文 同济大学出版社

3. 设计指导要点

小住宅是最基本的一种建筑类型，可以说是伴随着人类开始建造房屋之时为了满足自身最本能的居住需求而出现的，之后才逐渐不断延伸发展出其他多种多样的建筑类型。小住宅相对来说的单纯性，同时自身的地域性，形态的多样性，不同的小住宅所侧重的不同功能性，都让小住宅设计在建筑设计学习中具有很好的启蒙教育意义，以及小住宅自身规模小、投资少的特点也使其具有实现建筑师先锋创新理念的可能性，进而可能影响主流建筑思想，对于学生的思路开拓来说，有很重要的现实意义。

3.1 总平面设计

1) 根据地形图合理布置建筑位置和主要出入口，应注意区分车行出入口与人行出入口，并与小区道路合理衔接。

2) 认真分析地形特点，应充分利用外围良好的景观环境为建筑创造出最优的景观视线。

3) 在用地红线范围内应尽可能减少交通道路占地，增加布置绿化景观与休闲活动场所。

3.2 建筑设计

3.2.1 主要使用空间设计

(1) 首先应该明确哪些为立方体小住宅内的主要使用空间，比如客厅、工作室、卧室等。然后分析各个主要使用空间的不同特点，例如客厅需要宽敞、明亮的空间，并能积极渗透外部优质景观等等；工作室则需要相对安静，不被打扰，但同时也能较好吸收外部优美景色有助于设计师更好地从事创作工作；卧室需要绝对的安静与舒适，有助于休息与睡眠，同时也适宜南向布置，享受较好的日照，有助于居住者心情的愉悦。

(2) 注意满足各个主要使用空间的面积要求，在符合面积要求的同时，也要关注空间的形体比例，使空间能够被合理使用，家具等设备也能合理安放。

3.2.2 辅助使用空间设计

(1) 辅助使用空间主要有车库、厨房、卫生间、餐厅以及交通空间等。

(2) 辅助使用空间应配合主要使用空间设计，在满足主要使用空间的布置以后，也应该尽可能争取到合理的朝向与采光，如卫生间不适宜为暗房间，否则为了通风除味则会增加设备成本。厨房和餐厅最好也能毗邻景观资源，相信在制作美食与享受美食的同时能享受到大自然的美景，将会是一件多么美妙的事情。

(3) 门厅、过道、走廊、楼梯等为交通空间，交通空间的布置应该合理而经济，确保各个使用空间之间既能相对独立，又能紧密联系。

(4) 辅助使用空间与主要使用空间的布置应该符合"动静"分区，"公私"分明的原则。例如一层可以布置热闹与公共的空间，二层和三层则可以布置相对安静和私密的空间。

3.2.3 使用空间布置要点

(1) 因为此次的设计任务有 8m×8m×8m 立方体的体块范围要求，因此主要使用空间不能类同于普通小住宅设计中的随性布置，建议面积要求类似的空间竖向分层布置，这样既能保证每个使用空间的面积最大化，也能形成各自的分区特点。

(2) 在明确每个使用空间的面积大小后，可以归纳出一个基本单位模数进行网格化布置，比如 8m×8m=1m×1m×64=1.6m×1.6m×25=2m×2m×16 等等，这样的序列性单元格布置对于初学者来说容易把握，显得有条理不会导致杂乱无章。

(3) 使用空间的竖向布置可以采用多种方法，例如错层、通高等。除了客厅与工作室的层高要求大于 3m 外，其他使用空间的层高在满足使用的基础上不作要求，并且客厅与工作室的面积要求类似，因此有一种布置方法就是可以将工作室与客厅上下布置，层高都为 3.8m，其他房间则由下而上布置为层高分别 2m(车库)，3m 和 3m，这样两者就形成了一种错层的关系。

3.2.4 造型设计

（1）这次设计任务中的 8m×8m×8m 立方体范围在一定程度上限定了造型的自由发挥，但是作为初次设计作业，一定意义上是在训练学生的一种在抽象的规则体块中加入实际功能的能力，是从书本知识到实践运用的过渡。

（2）范围的限定，也为学生运用多种造型手法框定了一个平台，使初学者不至于无从下手。造型手法多种多样，可以采取叠加、削减、转折、重复、镂空等不同方法丰富形体，也可以采用砖墙、木材、石材、玻璃等多种不同材质区分立面形式。体块之间应该做到衔接自然、错落有致、虚实结合、主次分明、张弛有道。

（3）应该在分析功能流线、布置使用空间的同时就考虑整体造型设计。比如布置客厅空间同时就应该考虑到所对应的应该是大块面开窗形式；在布置入口空间同时应该考虑是采用雨棚遮蔽还是采用空间内收，利用上一层空间的架空形成灰空间过渡等等，只有这样才能从大处着手，统筹规划，做到整个建筑的和谐统一。

4. 参 考 图 录

1) 理查德·迈耶 作品 1

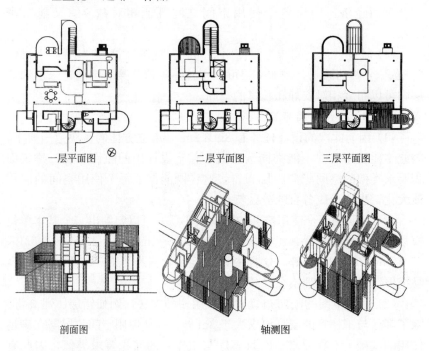

一层平面图　　二层平面图　　三层平面图

剖面图　　　　　　轴测图

2) 理查德·迈耶 作品 2

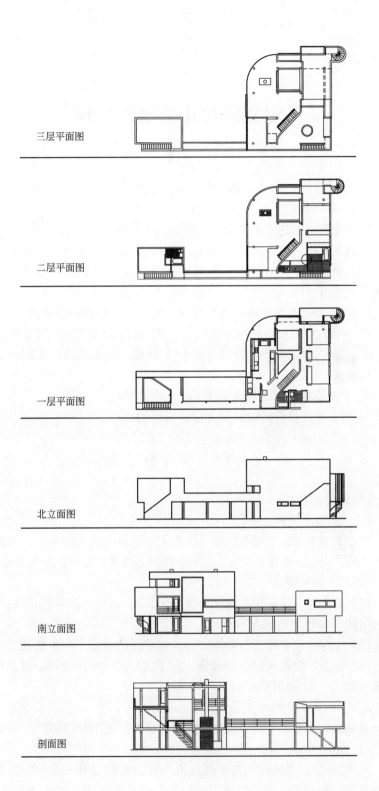

三层平面图

二层平面图

一层平面图

北立面图

南立面图

剖面图

茶室建筑设计指导任务书

1. 教学目的与要求

茶室建筑，它的使用功能和流线相对比较简单，可塑性也大一些，有一定的发挥度。但茶室建筑对基地和环境的要求高一点，特别在空间层次、借景与渗透方面有一些要求。通过设计使学生能适当了解并掌握以下几点。

1) 对小型公共建筑的功能有全面一定了解，培养构思能力。
2) 对室内空间有一定的感知能力，训练学生的空间设计、组合能力。
3) 了解人体工程学，掌握人的行为心理，以及由此产生的对空间的各项要求。
4) 了解园林景观建筑的设计手法和设计要点。
5) 初步了解设计的过程以及设计成果的表达。

2. 设计任务书与教学要求

2.1 设计任务书

2.1.1 设计任务

拟在某城市景区公园内新建一高档茶室。茶室以品茶为主，兼供简单的食品、点心，是客人交友、品茶、休憩、观景的场所，全天营业。

2.1.2 设计要求

（1）解决好总体布局，包括功能分区、出入口、停车位、客流与货流的组织、与环境的结合等问题。

（2）应对建筑空间进行整体处理，以求结构合理，构思新颖。

（3）营业厅为设计的重点部分，应注重其室内空间设计，创造与使用要求相适应的室内环境气氛。

2.1.3 面积分配与要求

总建筑面积控制在 $400m^2$ 内（按轴线计算，上下浮动不超过 5%）。

（1）客用部分

- 营业厅：$200m^2$（可集中或分散布置，座位 100~120 个）。营造富有茶文化的氛围，空间既有不同的分隔，又要有相互的流通和联系，可分为大厅和部分卡座。

- 营业柜台：$15m^2$。各种茶叶及小食品的陈列和供应，兼收银，可设在营业厅或门厅内。
- 门厅：20～30m²，引导顾客进入茶室，也可设计成门廊。
- 卫生间：40m²(20m²×2)，男、女各一间，可设盥洗前室，设带面板洗手池1～2个。

（2）辅助部分
- 制作间：20m²(10m²×2)，包括烧开水、食品加热或制冷、茶具洗涤、消毒等；要求与付货柜台联系方便。烧水与食品加工主要用电器。
- 库房：8m²，存放各种茶叶、点心、小食品等。
- 更衣室：20m²(10m²×2)，男、女各一间，每间设更衣柜，洗手盆。
- 办公室：20m²(10m²×2)，二间，包括经理办公室，会计办公室。

2.1.4　图纸内容及要求

（1）图纸内容
- 总平面图 1∶300～500(全面表达建筑与原有地段的关系以及周边道路状况)。
- 首层平面图 1∶100(包括建筑周边绿地、庭院等外部环境设计)。其他各层平面及屋顶平面图 1∶100 或 1∶200
- 立面图(2个)1∶100
- 剖面图(1个)1∶100
- 透视图(1个)或建筑模型(1个)

（2）图纸要求
- A1图幅出图(594mm×841mm)。
- 图线粗细有别，运用合理；文字与数字书写工整。一律采用手工工具作图，并作一定的彩色渲染。
- 透视图表现手法不限，可作钢笔水彩渲染，也可彩色铅笔，但作图要求细腻。

2.1.5　用地条件与说明

（1）该用地位于某市湖滨景区，可在地形图上任何位置建造。

（2）该用地西侧有旅游专线道路，西北侧为一小山坡，东南面为一淡水湖，湖面平静，景色宜人。用地植被良好，多为杂生灌木，中有高大乔木，有良好的景观价值。

（3）旅游专线道路宽6m，其中车行道4m，两侧路肩各为1m。

（4）地形图见附图。

2.2　教学进度与要求

2.2.1　第一阶段

（1）理论讲课——茶室建筑的设计要求与要点，任务书的分析、并下达设计任务，课后进行参观调研。

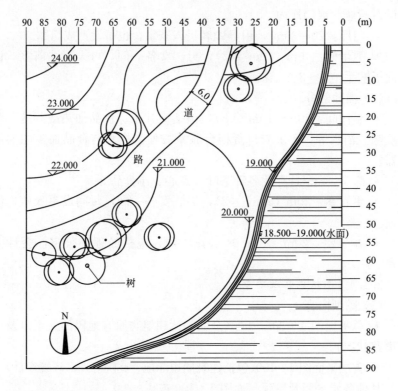

(2) 分析地形并确定总图布局。绘制一草。

2.2.2 第二阶段

(1) 建筑形体的组合设计，确定平、立、剖面图的关系。

(2) 绘制二草。

2.2.3 第三阶段

(1) 完善平、立、剖面图，并绘制建筑透视草图。

(2) 设计说明。

2.2.4 第四阶段

绘制正图(一律手绘)表现手法以钢笔淡彩为主，并要求字体端正图纸粗细有别。

2.3 参观调研提要

1) 对已参观的建筑有何评价，该建筑内部的功能流线合理吗？

2) 建筑的造型风格与环境是否协调？如果由你来设计，你会如何修改和设想。

3) 营业厅内的各家具设备尺寸和走道宽度合适吗？营业柜台的位置合适吗？

4) 辅助用房、卫生间的位置是否合适？卫生间与大厅毗邻好还是独立的好？

5) 该建筑是多层吗？楼梯间的宽度有多少？踏步的高度有多少？楼梯间的位置容易找吗？

6) 建筑内的净高有多少？大梁、柱、楼板之间的关系是怎样的？

7) 整个茶室建筑中哪些空间为过渡空间？哪些为休闲景观类空间？

8) 该建筑中哪些地方或部位设计者采用了"借景"和"空间延伸"的设计手法？

9) 你最喜欢坐在哪个位置？为什么？

2.4 参考书目

1) 中式茶楼设计元素指南. 北京：化学工业出版社，2008.

2) 小型商业空间设计图集：茶楼 酒吧 西餐厅. 天津：天津人民美术出版社，2005.

3) 园林建筑设计. 北京：中国农业大学出版社，2009.

4) 风景园林建筑设计基础. 北京：化学工业出版社，2010.

5) 餐饮建筑设计. 北京：中国建筑工业出版社，1999.

6) 餐饮空间（精）/新空间设计. 北京：北京科学技术出版社，2009.

7) 书房、茶室设计300例. 上海：上海科学技术出版社，2009.

3. 设计指导要点

茶室建筑属小型公共建筑，且具有园林景观建筑的特点。在建筑体形设计时尽可能地考虑小巧一些，同时给人以亲切、愉悦的感觉。

3.1 总平面设计

1) 根据任务书要求分析四周道路情况客人的来源方向，合理布置好建筑的主入口。

2) 综合考虑周围园林风景与景观小品情况做一定的视线分析，为平面空间组合时的"借景"做一定的准备。

3.2 建筑设计

单体建筑设计其平、立、剖面图相互间应该综合考虑。通常可以是从建筑型体着手构思出不同建筑形体的组合形体，并勾画出相应的平面图、立面图与剖面图。

3.2.1 主要使用空间设计

（1）首先，确定茶室室内空间中哪些为对外开放的主要使用空间，哪些是内部使用空间。对于不同的使用空间安排不同的位置与朝向处理。

（2）对于几个不同大小的对外营业空间也需要处理好相邻间的过渡与衔接。

（3）若有二层的建筑空间时，必须安排好去二楼的交通空间和楼梯，楼梯的位置要醒目，便于寻找。

（4）茶室建筑面积不大，但空间要求较高，平面组合时尽可能多考虑一些休闲景观空间，同时学习并采用中国古典园林设计中"借景"与"空间延伸"的手法。

3.2.2 辅助使用空间设计

辅助使用空间设计主要有：开水间、营业操作间、储藏间、管理用房以及卫生间等。

（1）首先，分析辅助空间与主要空间的关系，并安排好各自相应的位置。

如营业操作间中的收银台供货柜台必须与营业大厅相毗邻，卫生间的位置可以与营业大厅毗邻方便使用，但也可以独立设置与主体建筑脱开，并用景观廊连接，这种做法在茶室建筑中还是比较多的，既摆脱了"气味"的干扰，同时，也增加了一定的空间层次与过渡。

（2）辅助空间尽可能地不要与主要使用空间等争夺朝向、地形等标准，同时，处理好"内"与"外"、"静"与"闹"的相对关系和流线。

（3）管理用房与储藏间属内部使用房间，其平面位置安排在内部方便之处。

3.2.3 交通空间的设计

门厅、过厅、廊道等均属于交通空间，平面组合时尽最大努力处理好连接各使用空间的交通关系，确保交通流线顺畅，避免交通路线迂回交叉，同时，满足消防安全与疏散便捷的要求。

3.2.4 造型设计

茶楼地处某城市公园，基地有一定坡度，东西面临水，这给建筑造型与立面设计提供了良好的环境条件。建筑造型设计通常分为建筑形体和立面设计两部分。

（1）形体设计

建筑面积不多，形体也就小，但公众对其建筑的造型要求较高。该建筑形体应根据建筑使用空间的不同大小进行不同的组合，并注意高低起伏有序，前后错落有致，从而达到主次分明、有机结合。

（2）造型风格与立面设计

A. 造型风格

由于，目前的题目暂不考虑周围建筑风格特征对其的影响。同学们可以根据自己所收集的资料和喜好选择不同的建筑风格。

- 中国古典园林建筑风格
- 西洋古典园林建筑风格
- 后现代改良的建筑风格
- 完全现代建筑风格

B. 立面设计

无论我们选择了哪种建筑风格，在立面设计中，还是希望遵循一定的构图原理或形式美的基本规律。

努力通过不同的墙体和其他构件进行"虚与实""凹与凸"等方面的对比，从而获得多样统一。

3.2.5 常用的客席与通道尺寸

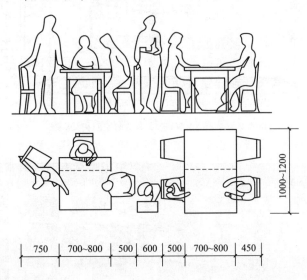

3.2.6 借景与空间延伸

（1）借景

• 借景的概念：将外界有情趣或有欣赏价值的因素通过空间渗透，借用到所在的空间中来。由于是隔着一重层次去看，因而越觉含蓄、深远。

• 借景的形式在中国古典园林中最常用的借景形式，往往通过"景宽"和"景门"将别处的景观"巧妙地"收纳进去，使其空间更丰富，景色更优美。如图示。

苏州狮子林的廊道，通过六角什景窗借得远处庭院的修竹阁景色。

（2）空间的延伸与渗透

园林建筑中缺乏空间层次会显得空旷无趣，处理好隔和透的关系是增加空间层次的关键。增加空间层次最主要的做法为：

• 运用不同形式的洞口空廊或玻璃等界面，将室内外两种相邻空间互相延伸与渗透，但是这种延伸与渗透的程度为多少，还将根据自己的实际意图进行不同程度地把握。如图示。

通过墙上大面积的窗洞，使得室内外空间相互渗透。

透过空廊使两侧空间相互交融，增加了园林空间层次。

室外景致通过通透的玻璃窗被引入到空间

4. 参考图录

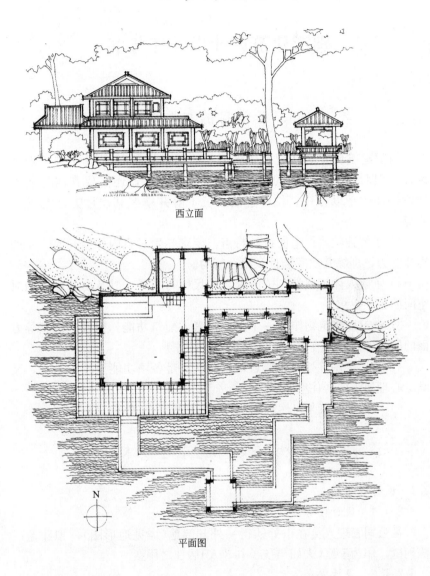

西立面

平面图

别墅建筑设计指导任务书

1. 教学目的与要求

别墅建筑属于居住建筑中的一类。虽然本任务书只安排了别墅设计,但对于公寓住宅的户型种类及组合方式,还需要在居住建筑理论讲述中予以分析。使学生能系统了解并掌握其设计方法与设计要点。

1) 了解独院式住宅的设计特点。要求学生对室内外空间有一定的感知能力,训练其空间设计及组合能力。

2) 了解人体工程学,了解家具的尺度与布置,以及由此产生的对空间的各项要求。

3) 学习以建筑物作为一个整体来考虑建筑功能、构成、造型等方面的问题,及其相互关系。了解形式美的原则。

4) 了解该建筑类型的特点,创造既满足各项功能及技术要求,又满足心理要求的居住空间。

5) 认识到建筑与自然环境两者应有机结合的关系。

2. 设计任务书与教学要求

2.1 设计任务书

2.1.1 设计任务

某公司管理人员在市郊购得一外开阔地(详见地形图),拟建造一栋别墅,作为家庭(夫妇与孩子共 3 人)居住之用。

2.1.2 设计要求

(1) 总体布局合理。包括功能分区,主次出入口位置,停车位,与环境、绿化的结合等。

(2) 功能组织合理,布局灵活自由,空间层次丰富。使用空间尺度适宜,合理布置家具。

(3) 体型优美,尺度亲切,具有良好的室内外空间关系。

(4) 结构合理,具有良好的采光通风条件。

2.1.3 面积分配与要求

总建筑面积控制在 300m² 内(按轴线计算,上下浮动不超过 5%)。

(1) 主要房间
- 客厅：1间，25~30m²，会友朋、宴宾客之用。
- 起居室：1间，25~30m²，家人休息及近亲光临之室。
- 书房：1间，15~20m²，要求与客厅或主卧往来便利。
- 餐厅：1间，15~20m²，家庭使用，可容纳8人餐桌。
- 厨房：1间，10m²以上，中餐烹调，可方便送餐至餐厅。
- 主卧室：1间，18m²以上，双人房，附自用浴厕。
- 儿童房：1间，18m²以上，单人房，附自用浴厕。
- 客卧室：1间，15m²以上，双人房或单人房，附自用浴厕。
- 保姆房：1间，12m²以上，单人房，附自用浴厕。

(2) 次要房间
- 洗涤间：1间，10~15m²，放置洗衣机、洗衣池及烘干机等。
- 车库：1间，20~25m²，可容纳轿车一辆，自行车两辆。
- 贮藏室：面积自定，一间或一间以上。

(3) 室外用地
- 停车位：可停放轿车1~2辆。
- 花园用地：150m²，并设置一定的休闲用地。

2.1.4 图纸内容及要求

(1) 图纸内容
- 总平面图 1:500（全面表达建筑与原有地段的关系以及周边道路状况）
- 首层平面图 1:100（包括建筑周边2m范围内的绿地、庭院等外部环境设计）
- 其他各层平面及屋顶平面图 1:100
- 立面图（2个）1:100
- 剖面图（1个）1:100
- 透视图（1个）或建筑模型（1个）

(2) 图纸要求
- 图幅不小于A2(594mm×420mm)。
- 图线粗细有别，运用合理；文字与数字书写工整。一律采用手工工具作图，彩色渲染。
- 透视图表现手法不限，可作钢笔水彩渲染，也可彩色铅笔，但作图要求细腻。

2.1.5 用地条件与说明

(1) 该用地位于市郊某别墅区。用地周边环境良好，有高大乔木，有良好的景观价值。

(2) 该用地块南侧有一条8m宽主干路。东侧为社区中心景观。

(3) 地形图见附图。

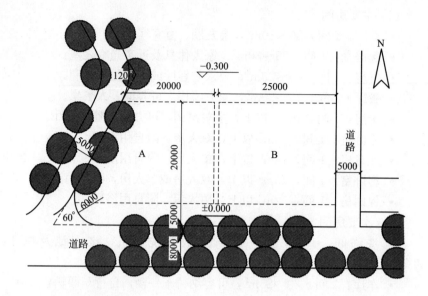

2.2 教学进度与要求

2.2.1 第一阶段

(1) 理论讲课，别墅建筑的设计要求与要点，任务书的分析并下达设计任务，课后进行别墅参观调研，并作调研报告。

(2) 分析地形并确定总图布局。绘制一草。

2.2.2 第二阶段

(1) 建筑形体的组合设计，确定平、立、剖面图的关系。

(2) 绘制二草。

2.2.3 第三阶段

(1) 完善平、立、剖面图，并绘制建筑透视草图。

(2) 完成设计说明。

2.2.4 第四阶段

绘制正图(一律手绘)表现手法以钢笔淡彩为主，并要求字体端正图纸粗细有别。

2.3 参观调研提要

1) 结合实例分析平面组合采用的方式？有何特点？

2) 建筑采用何种风格？

3) 请勾画你所参观的别墅平、立、剖面图和功能分区图。

4) 各空间的形状与大小各有什么特点？

5) 主要用房与辅助用房之间的位置关系如何？

6) 室内家具如何布置？

7) 厨房及厨具的具体尺寸？如何布置？

8) 卫生间及洁具的具体尺寸？如何布置？

9) 楼梯位置如何选择？具体技术参数怎样计算？

2.4 参考书目

1)《建筑设计资料集》中国建筑工业出版社出版
2)《别墅设计》中国建筑工业出版社出版
3)《别墅设计建筑图集》中国建筑工业出版社出版
4)《建筑系学生优秀作品集》中国建筑工业出版社出版
5)《室内设计资料集》中国建筑工业出版社出版
6)《建筑学报》、《世界建筑》、《建筑师》等杂志中有关别墅建筑设计的文章及实例

3. 设计指导要点

住宅是供家庭日常居住使用的建筑物，是人们为满足家庭生活需要，利用自己掌握的物质技术手段创造的人造环境。因此，设计之前应首先研究家庭结构、生活方式和生活习惯以及地域特点，通过多样的空间组合方式设计出满足不同生活要求的住宅。

3.1 总平面设计

1）根据设计任务书的要求对建筑物、室外活动场地、绿化用地等进行总体布置，做到功能分区合理，朝向适宜，室外活动场地日照充足，创造符合使用者生理、心理特点的环境空间。

2）应根据使用者的使用要求，合理设置来访者自行车和机动车停放场地。

3.2 建筑设计

3.2.1 主要使用空间设计

（1）主要用房应布置在当地最好日照方位，并满足冬至日底层满窗日照不少于3h（小时）的要求；温暖地区、炎热地区的生活用房应避免朝西，否则应设遮阳设施。

（2）起居室

• 起居室是家庭团聚、接待近亲、观看电视、休息的空间，是家庭的活动中心，所以和卧室、餐厅、厨房等有直接的联系，与生活阳台也宜有联系。要求能直接采光和自然通风，宜有良好的视野景观。

• 起居室内门的数量不宜过多，门的位置应相对集中，宜有适当的直线墙面布置家具，根据低限尺度研究结果，只有保证3m以上直线墙面布置一组沙发，起居室(厅)才能形成一相对稳定的角落空间。

• 起居室可以与户内的进厅及交通面积相结合，允许穿套布置。

• 起居室典型布置方式：

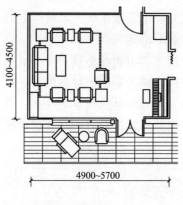

大型起居室 20.10~25.70m² 　　　标准卧室 15.12~21.42m²

(3) 客厅

• 主要功能是接待朋友、宴请宾客之用。要求能直接采光和自然通风风，宜有良好的视野景观。

• 除了保证必要的使用面积以外，应尽量减少交通干扰。

(4) 卧室

• 卧室是供睡眠、休息的空间。应布置在相对安静的位置，保证一定的私密性。

• 卧室应组织相对外墙窗间形成对流的穿堂风或相邻外墙窗间形成流通的转角风。

• 避免穿越卧室进入另一卧室，而且应保证卧室有直接采光和自然通风的条件。

• 卧室最小面积根据居住人口、家具尺寸及必要的活动空间确定。

• 卧室典型布置方式如图。

(5) 餐厅

• 餐厅是供就餐的空间。其位置可单独设置，宜与起居室相邻。

• 各类餐厅尺寸及布置方式：

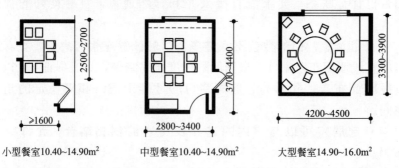

小型餐室10.40~14.90m²　　中型餐室10.40~14.90m²　　大型餐室14.90~16.0m²

（6）厨房
· 厨房有直接对外的采光通风口，保证基本的操作需要和自然采光、通风换气。别墅的厨房布置相对自由，但宜有单独出入口，并且不要占据良好朝向。
· 厨房应设置洗涤池、案台、炉灶及排油烟机等设施，设计时按操作流程合理布置。要求设计时设置或预留位置，并保证操作面连续排列的最小净长。单排布置的厨房，其操作台最小宽度为0.50m。
· 厨房工艺流程：

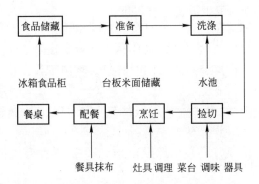

厨房平面工艺流程示意图

· 厨房常用尺寸

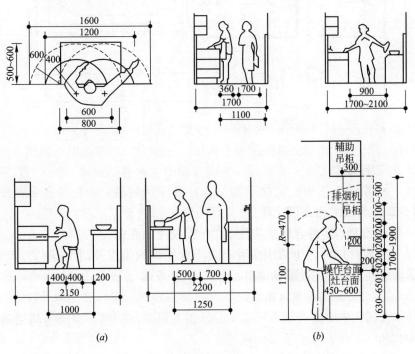

厨房常用尺寸
(a)厨房最小宽度；(b)设备的高度与深度

(7) 卫生间

• 卫生间不宜布置在厨房及生活用房上方。跃层住宅中允许将卫生间布置在本套内的卧室、起居室(厅)、厨房的上层，但应采取防水和隔声和便于检修的措施。

• 由便器、洗浴器和洗面器组合而成的卫生间，其最小面积的规定依据如下：以洁具低限尺度以及卫生活动空间计算最低面积，淋浴空间与盆浴空间综合考虑，不考虑在淋浴空间设洗面器，不考虑排便活动与淋浴活动的空间借用。

• 住宅的卫生间设计必须为护理老人和照顾儿童使用时留有余地。

• 人体活动与卫生设备组合尺度。

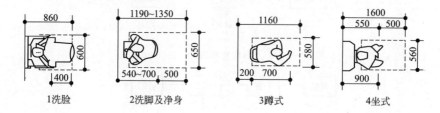

1 洗脸　　2 洗脚及净身　　3 蹲式　　4 坐式

• 卫生设备尺度。

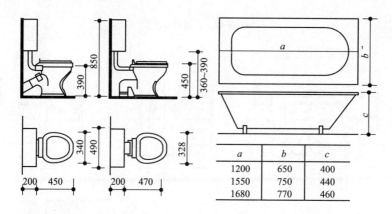

(8) 储藏室

• 家居生活中贮藏换季物品、日常应用物品、杂物等。一般按 $1\sim1.5m^2$/人贮藏面积计算。

• 设计时应注意壁柜的防尘、防潮及通风处理。

• 壁柜门开向生活用房时，应注意壁柜的位置及门的开启方式，尽量保证室内使用面积的完整。

3.2.2　层高和室内净高

普通住宅层高为 2.80～2.90m，别墅可略高一些，普通房间层高为 2.80～3.00m，客厅 3.0～4.5m。

3.2.3　交通与疏散

(1) 套内入口的门斗或玄关，既是交通要道，又是更衣、换鞋和临时搁置物品的场所，是搬运大型家具的必经之路。因此要求过道净宽不宜小于 1.20m。

(2) 户内其他走到净宽一般不应小于 0.9m。

(3) 套内楼梯在两层住宅和跃层内做垂直交通使用，规定套内楼梯的净宽，当一边临空时，其净宽不应小于 0.75m；当两边为墙面时，其净宽不应小于 0.90m。别墅的楼梯，净宽宜大于 1.00m。

3.2.4 造型设计

建筑形体应根据建筑使用空间的不同大小进行不同的组合。体型适宜高低起伏有序，前后错落有致，从而达到主次分明、对比统一。

目前，别墅的造型风格众多，可选择一种深入了解其特点后进行设计运用。在立面设计中，应遵循一定的构图原理，运用形式美的基本规律。

4. 参 考 图 录

1. 艾德蒙逊住宅，1980，美国。

• 基地北面面向城市干道的一侧为开敞缓坡，南面为森林茂密的山谷。该建筑提供了各种尺度的室内外空间，与地形和环境结合也很好。

• 建筑入口在二层，包含了住宅的主要空间，卧室在三层，可以俯视起居室。

• 建筑运用了赖特的自然主义风格。

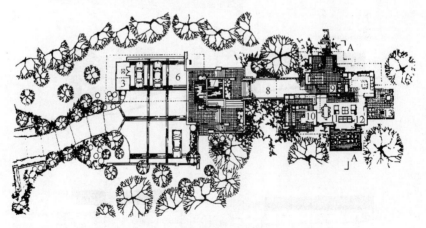

一层平面图

1. 卧室；2. 酒窖；3. 储藏；4. 家庭；5. 音乐角；6. 车库；
7. 喷泉；8. 桥；9. 门厅；10. 厨房；11. 餐厅；12. 起居室；
13. 露台；14. 主卧室；15. 上空；16. 书房

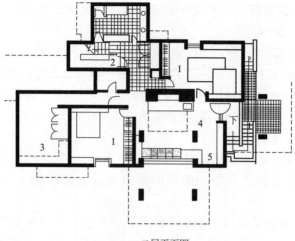

二层平面图

三层平面图

北立面图

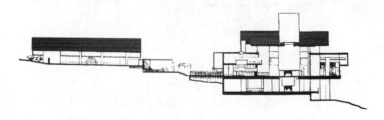

东西轴向剖面图

2. 某商业别墅——某房产公司作品

• 该设计方案平面功能合理，立面处理大方，屋面错落有致，空间层次丰富。建筑细部处理到位。

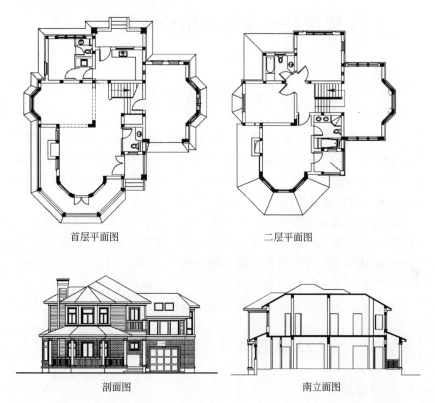

首层平面图　　　　　二层平面图

剖面图　　　　　南立面图

售楼处建筑设计指导任务书

1. 教学目的与要求

小区售楼服务部设计是集展示与洽谈功能一体的小型商业建筑形式，旨在训练学生的方案构思与创意能力。重点学习商业型建筑的特色，学习公共展示空间设计，训练学生对空间感知和空间氛围营造的能力。通过设计使学生能适当了解并掌握以下几点。
1) 对小型商业综合型建筑的功能有一定了解，培养构思能力。
2) 对室内家具与人体尺度关系的培养，了解人的行为心理。
3) 训练学生的方案构思和造型创意能力。
4) 培养对空间的感知和空间设计能力的提高。
5) 进行空间界面及建筑装饰细部的设计，注重建筑人性化设计。

2. 课程设计任务与要求

2.1 设计任务书

2.1.1 设计任务

正在建造的南方某住宅小区，为配合售楼需要，决定近期建一座售楼服务部，以洽谈展示为主，兼供简单的办公和休憩空间场所。待小区住宅全部售出后，经扩建、改造可作为小区文化站或会所之用。总建筑面积为 $650m^2$。

2.1.2 设计要求

（1）解决好总体布局，包括功能分区、出入口、停车位、客流与去样板房流线的组织，并注重与环境的结合等问题。

（2）应对建筑空间进行整体处理，以求结构合理，构思新颖。

（3）设计重点为室内洽谈展示场所，提倡以工作模式及流程来推敲和构思的方案，并初步确定要营造的室内环境气氛与建筑风格。

（4）规划布局应考虑远近期结合，售楼期间应考虑 8 辆机动车和 15 辆自行车停放。

（5）做好近期室外环境设计。

（6）造型新颖。

2.1.3 面积分配与要求

总建筑面积控制在 $650m^2$ 内（按轴线计算，上下浮动不超过 5%）。

(1) 对外部分(售楼区)　　　　　　　　　　　　　　　340m²
- 接待大厅：180m²。包括接待前台、售楼沙盘展示台、询问处。
- 图片展览：30m²。可集中设置也可分散到其他售楼空间。
- 洽谈区：50m²。与大厅临近或融合，可提供咖啡等饮料，空间既要有所分隔，又要相互流通。
- 签约区：50m²。要求相对私密、安静处。布置有桌椅，能够临近打印、复印等设备用房。
- 卫生间：30m²(15m²×2，男女各一间)，厕所入口既要隐蔽，又便于顾客寻找。男厕应设置一个小便斗。

(2) 对内部分　　　　　　　　　　　　　　　　　　75m²
- 公共办公区：30m²。内部员工办公及联系外事使用，可为开敞或半开敞，设有饮水机、打印机、复印设备等。
- 经理室：15m²。相对私密，临近内部财务室。
- 财务室：15m²。较私密处。
- 办公室：15m²。

(3) 其他部分
- 门厅、楼梯、走道等交通与休憩空间。

2.1.4　图纸内容及要求

(1) 图纸内容
- 总平面图1∶500(全面表达建筑与原有地段的关系以及周边道路状况)。
- 各层平面1∶200
- 立面图(2个)1∶200
- 剖面图(1个)1∶200
- 透视图(1个)或建筑模型(1个)

(2) 图纸要求
- A1图幅出图(594mm×841mm)。
- 图面粗细有别，线型运用合理；文字与数字书写工整。一律采用手工工具作图，并作一定的彩色渲染。
- 透视图表现手法不限，可作钢笔水彩渲染，也可彩色铅笔，但作图要求细腻。

2.1.5　用地条件与说明

(1) 该用地位于某市市区，预开发小区内一块地。
(2) 该用地西侧毗邻小路，道路宽9m，道路西边为街边小广场和银行，南侧为城市干道20m，东侧为小区预开发的用地，将首先在西边考虑首期建设并建造样板房，设计时要考虑到参观样板房的流线，北侧也为预开发的用地。
(3) 地形图见附图。

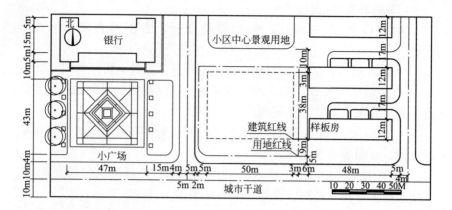

2.2 教学进度与要求

2.2.1 第一阶段

会所建筑的基本概念及内容,设计任务书讲解;考察基地,分析环境;实例参观,收集资料。

第一轮草图(功能与环境分析,多向发散构思,两个以上构思方案)。

2.2.2 第二阶段

第二轮草图(方案比较与功能、形象、环境、个性、可行性等方面的评价;选定方案的平面流线、空间组织、环境关系、建筑形象的具体设计与研究)。

2.2.3 第三阶段

深入设计(一),整体环境、平、立、剖面图(尺规表现)。

深入设计(二),结构技术与建筑空间整合。

深入设计(三),细部推敲,造型语汇提炼。

2.2.4 第四阶段

完成正图、透视图的绘制,交图。

2.3 参观调研提要

1) 对已参观的建筑有何评价,该建筑内部的功能流线是否合理?
2) 该售楼处平面布局怎样?合理否?
3) 建筑的造型风格与环境是否协调?有什么样的优点、不足之处?
4) 展示空间尺度和各家具设备尺寸合适吗?展示空间周围的洽谈空间布局合理与否,是否舒适?
5) 展示空间与洽谈空间之间是怎样的组织方式,如何联系与分割?
6) 辅助用房、卫生间的位置是否合适?该建筑是多层吗?楼梯间的位置容易找吗?楼梯间的宽度有多少?踏步的高度有多少?
7) 建筑内的净高有多少?使用什么样的建筑结构?
8) 建筑造型与室内环境设计体现了怎样的售楼环境?整体有什么印象?如何体现展示设计的意义?

2.4　参考书目

1）商业空间展示设计．北京：机械工业出版社，2011．
2）售楼处设计．北京：中国建筑工业出版社，2006．
3）现代商业建筑设计．北京：中国建筑工业出版社，2010．
4）展示设计．北京：中国电力出版社，2007．
5）空间展示设计．北京：中国建筑工业出版社，2010．
6）现代商业建筑的规划与设计．天津：天津大学出版社，2002．

3. 设计指导要点

售楼中心是一种综合性展示、信息交流平台，通过对空间区域营造、展具设计、建筑造型处理，创建最适合于信息传播的人为环境。

3.1　总平面设计

1）认真分析各种设施之间的功能关系，合理安排其在基地中的位置，适当留有集散场地，作为缓冲空间。
2）合理组织交通流线，尽量保证客流、员工流线互不交叉；毗邻城市公共活动空间（如广场、人行立交天桥）时，应结合设计，与其相连，便于吸引和疏散。

3.2　建筑设计

着手于整体建筑设计，首先，了解各功能空间作用与关系，根据功能进行平面规划，结合平、立、剖面图综合考虑，构思建筑组合形体。

3.2.1　各类用房的组成与要求

（1）主要使用空间组成与要求

营业空间是售楼中心最为重要的空间，主要用于楼盘的展示与销售。一般设计要求：

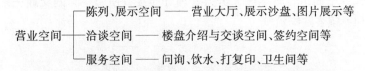

营业空间 ── 陈列、展示空间 ── 营业大厅、展示沙盘、图片展示等
　　　　　 洽谈空间 ── 楼盘介绍与交谈空间、签约空间等
　　　　　 服务空间 ── 问询、饮水、打复印、卫生间等

• 首先，主要用房应布置在当地最好的日照方位与朝向。
• 合理设计交通流线和展示洽谈流线，避免人流流线交叉和人流阻塞，为顾客提供明确的流动方向，使顾客能顺畅地浏览商品，避免死角。
• 不同大小的对外营业与洽谈空间需要处理好相邻间的过渡与衔接。
• 创造良好的空间环境，营业厅应有良好的采光与通风，并有一定的景观设置，提高环境的舒适度，增加顾客好感。

（2）辅助空间组成与要求

辅助空间包括行政管理、员工休息用房、对外服务用房、财务室、卫生间、设备用房等。一般设计要求：

- 分析辅助空间与主要空间的关系，并安排好各自相应的位置。辅助用房既要便于对外联系，又要便于对内管理，处理好"内"与"外"，"静"与"闹"的相对关系和流线。
- 辅助空间尽可能地不要与主要使用空间等争夺朝向与优越地形，但照明、空调、电器、电讯等设备的布置应给予足够的重视。
- 对外服务空间包括休息空间、楼梯、走道等，员工休息可在营业厅的附近设置；垂直交通及出入口应分布均匀，便于人流快速疏散。
- 卫生间应安排在较为隐蔽但又便于识别的地方，避免视线干扰，并因同营业空间联系方便，最好位于建筑的下风向，以免影响其他功能空间的空气。

(3) 各功能空间的相互关系

下图表明了一般售楼中心建筑中各功能空间的基本关系。

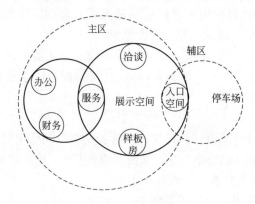

3.2.2 交通、流线设计

熟悉售楼过程的交通流线，确保交通流线顺畅，避免交通路线迂回交叉，平面组合时尽最大努力处理好连接各使用空间的交通关系。

(1) 顾客购物流线

(2) 售楼中心建筑中功能关系与流线

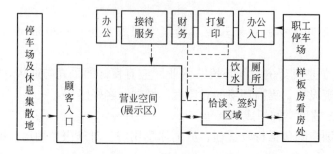

3.2.3 建筑空间组合形式

售楼中心空间设计既不是使用功能进行简单而孤立的叠加,也不是仅仅从外部造型设计,而必须根据实际情况合理地组织功能空间及连接整体建筑空间形式。

售楼中心常见的空间形式有线性平面、辐射式、大厅式、中庭式、单元式等。

(1) 线性平面

所谓线形平面是指所有主要使用空间(营业展示与洽谈部分)大致沿一条线排列,它包括一字形、弧线形与折线形。这种形式的流线比较单一,走向明确而具有连续性,如图。

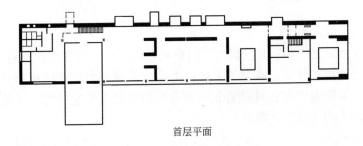

首层平面

(2) 辐射式

各子空间的排列路径是由一个中央共同点朝某几个方向延伸出去,有 L 形、T 形、Y 形、十字形及风车形。这种形式向心性强,中心空间有强烈的统领地位,但受地形的影响较大,空间布置不够灵活,易形成回头路。设计时可在节点和端头处理为庭或厅空间,以形成迂回流线。

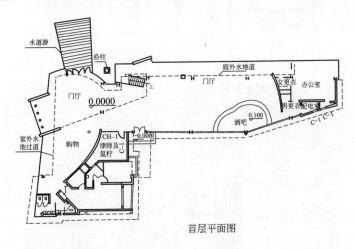

首层平面图

(3) 大厅式(中庭式)

这类空间比较完整,中间设计有中庭或庭院,空间的组织和划分可灵活自由划分或沿柱网划分,中庭是确认建筑物方位的主要参考点,人到达中庭后,建筑的各部可以一目了然。

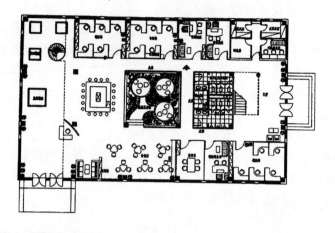

(4) 单元式

单元式是一种重复组织的空间形式,空间形式较规则但又有变化,单元之间彼此独立,减少了干扰。单元式常常与大厅式或中庭式结合使用,既能保证大空间视觉上的通透性和空间上的完整性,又能够确保使用上的灵活性。如图示。

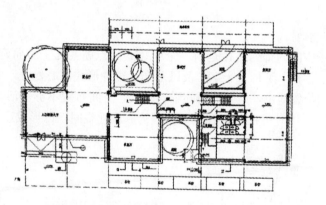

3.2.4 室内空间及环境设计

(1) 展板与陈列尺度

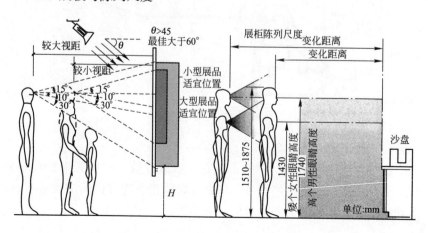

展架摆置决定于观赏距离和灯光的设计，观赏距离和灯光主要受人视觉生理的影响。重要的展板应布置在高度 H 在 1000～1600mm 范围内；如需上下延伸布置，在高度 700～2000mm 范围之内仍基本适宜于布展。

（2）展示方式与环境设计

售楼中心建筑的展示方式主要是沙盘整体楼盘展示、样品房展示及部分展板展示，其形式开放，是能够让顾客直接、自由接触商品的陈列方式。沙盘展示通常需要较大的展示空间，并应安排在建筑最主要和醒目的空间；样品房展示一般都在新建的楼盘内部，售楼中心建筑只要提供直接可达的通道即可；有时还包含部分展板展示，一般在建筑内部结合沙盘附近的辅助空间设计，也可结合洽谈空间设计。

楼盘陈列除了让顾客了解商品，还要通过陈列展示其魅力、吸引顾客、形成共鸣、从而刺激其购买的欲望。因此，陈列与展示空间设计时应着重研究商品陈列与环境的关系，包括陈列与背景、商品与陈列设备、商品与灯光效果等，需运用协调、对比、主从、韵律等艺术手法，表现商品的丰富感，进而表现楼盘的美感和品质。

同时，建筑空间的内部布置，空间的分隔与联系，能够使空间组织更为有序，有利于流线的组织，并创造良好的空间氛围。

（3）陈列与洽谈空间的组织与分隔

展示空间与洽谈空间是售楼中心最主要的营业空间，洽谈空间应紧密结合展示空间设计，以便顾客在洽谈的过程中参看沙盘，了解建筑、户型及其周边环境。但另一方面，洽谈的过程又需要一定私密程度和安静的空间。所以展示空间与洽谈空间既要紧密联系又要适当分隔。在空间组织方面可使用技巧：

• 高差组织

利用地面的不同标高组织空间，形成多层次变化。这种高差一般不大可利用阶梯或坡道作为上下的沟通。

• 凹凸变化

利用顶棚、竖向墙体或家具的凹凸变化，形成"阴角"空间，作为休息、洽谈、绿化空间。

• 空间序列

利用空间布局的"起、承、转、合"，将相关联的空间有序地串联在一起，形成良好的空间序列。

• 水平引导

利用地面或顶棚的形式、材料、色彩等对比变化，以及照明设计、弯曲墙面等，对顾客起到水平引导。

• 对比差异

在两个毗邻空间设计时，形成高低、敞闭、形状与方向，做对比设计，使顾客在进入另一空间时因这种差异而产生情绪上的突变和快感。

在空间分隔方面可使用技巧：

- 实墙分隔

用玻璃、轻质隔断进行分隔，但为了不影响空间与视觉的通透性，一般建筑实墙在 1500mm 以下。

- 景观分隔

利用景观对两者空间进行分隔，既起到了隔断作用，又有利于提高空间品质。

- 家具分隔

使用沙发、博古架、展品架进行分隔，在起到分隔作用的同时，还有利于空间的节约。

同学们应综合运用这些组织与分隔的处理手法，把售楼空间组织成有序、变化丰富、统一完整的空间。

3.2.5　造型设计特征

售楼处功能空间相较简单，室内空间对形式设计的制约相对较弱，另，其商业特征要求，使建筑师创作的余地较大，造型新颖别致，其形式设计一般可以有以下几个方面：

(1) 注重开放性

售楼中心以吸引消费为目的，建筑应以"欢迎"的姿态迎接顾客，同学们应注意商业建筑开放性设计，内外空间的融合与渗透是提高商业建筑空间开放性的重要手段。

(2) 追求独特性

售楼建筑要求标新立异，展示出自身与众不同的特点，或突出现代技术，或表达传统意象，或突出楼盘特性，以期待给人留下深刻印象。

(3) 注重建筑基本形体塑造

建筑形体构成是塑造建筑造型的基础，在售楼中心建筑设计时应分清体量的主从关系，运用构图手法进行形体组织，利用形状、高低、质感等对比手法，错落、穿插、转折、扭曲等处理手法，增添建筑丰富性，形成有规律的、完整统一的建筑形体。

(4) 注重细节设计

对于一个需要营造亲和性的建筑，其细节的设计也十分重要。设计时应通过细部线脚、窗体比例推敲、材质或纹理处理，体现售楼中心所代表的楼盘的建筑特色和品质。

4. 参 考 图 录

北京华侨城售楼处：

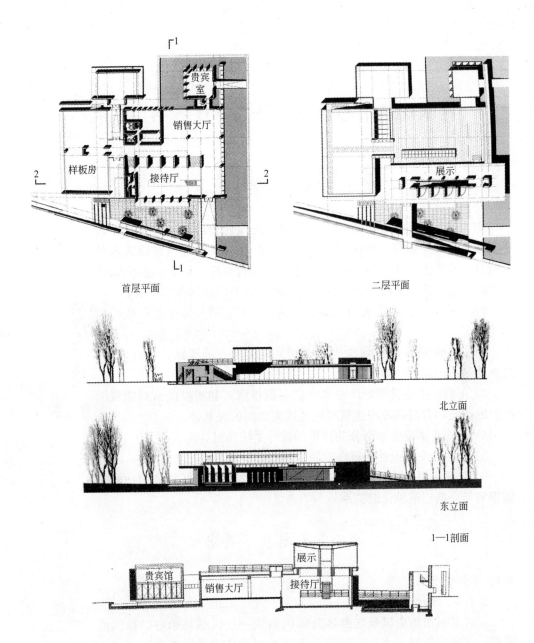

首层平面　　二层平面

北立面

东立面

1—1剖面

第 1 章　基础设计阶段题目　37

社区活动中心建筑设计指导任务书

1. 教学目的与要求

作为社区活动中心建筑，使用功能和流线比较简单，建筑规模较小，建筑设计发挥的自由度较大，但是该社区活动中心拟建设区域是某市著名的历史文化风景名胜区，这对建筑的布局、形态以及空间产生了具有决定性意义的影响，也给设计带来很多的趣味性和挑战。

1) 对中小型公共建筑的功能、空间形态特征有一定了解，培养构思能力。

2) 进一步培养和锻炼学生的空间和建筑形态的想象、塑造能力，把握建筑的形式与内容的关系。

3) 正确把握建筑所处环境当中的各积极因素和消极因素对建筑的产生的影响，合理的处理建筑与这些因素之间的关系。

4) 进一步掌握中小型公共建筑的设计手法和设计要点。

5) 合理的安排设计的进度以及掌握设计的各种表达方式。

6) 对建设用地的一期二期进行合理的规划，衔接好整块用地的整体规划与一期建筑设计的关系。

2. 设计任务书与教学要求

2.1 设计任务书

2.1.1 设计任务

拟在某城市历史风景名胜区公园内新建一社区活动中心。社区活动中心主要提供周边小区居民日常活动的以及作为景区参观、停留人员的公共活动的场所。

2.1.2 设计要求

(1) 深入了解建筑物与周围环境密切结合的重要性及周围环境对建筑的影响，紧密结合基地环境，处理好室内、外空间的有机联系。学习灵活多变的空间构成方式，理解正负空间的形态表达。

(2) 充分考虑建筑与建设场地的关系，按照一定的建筑密度、容积和配套指标合理的规划一期二期用地，为分期建设预留发展空间。

(3) 学习熟练运用表现技法和在分析，解决问题的能力。

(4) 单体建筑的主体不超过三层。

(5) 总停车位 11 个。包括 8 辆小汽车，2 辆大巴，一个后勤专用车位。
(6) 主要建筑的门厅，考虑残疾人出入，并布置电梯。
(7) 沿主要道路，设置两个出入口。

2.1.3　面积分配与要求

总用地面积 4300m^2，总建筑面积 1200m^2。各功能空间以混凝土框架结构为主，建设内容具体要求如下：

(1) 商业网点：180m^2
- 小商店 30m^2
- 音乐茶座 150m^2（含配餐间）

(2) 文艺活动：750m^2（含娱乐健身、书画、棋牌、戏剧、儿童活动、视听等）
- 大活动室　3 间共 300m^2
- 小活动室　3 间共 150m^2
- 歌舞厅　1 间共 300m^2

(3) 学习活动：150m^2
- 图书资料室　100m^2
- 电子资讯室（结合资料室布置）　50m^2

(4) 后勤服务：120m^2
- 办公室　4 间 20m^2/间
- 公共卫生间　20m^2/间
- 设备用房，20m^2，需集中布置（允许上下对其布置）
- 交通面积，小门厅若干

2.1.4　图纸内容及要求

(1) 图纸内容
- 总平面图：1∶500

要求：画出准确的屋顶平面并注明层数，注明各建筑出入口的性质和位置；画出详细的室外环境布置（道路、广场、绿化、小品等），正确表现建筑环境与道路的交接关系；标注指北针。

- 各层平面图：1∶200

要求：应注明各房间名称（禁用编号表示）；首层平面图应表现局部室外环境，画剖切标志；各层平面均应表面标高，同层中有高差变化时亦须注明。主要活动室进行平面布置、卫生间布置设备。

- 立面图：1∶200

要求：两个，至少一个应看到主入口，制图要求区分粗细线来表达建筑立面各部分的关系。

- 剖面图：1∶200

要求：一个，应选在具有代表性之处，应注明室内外、各楼地面及檐口等必要标高。

- 透视表现图或模型

要求：一个，应反映设计构思，可结合于图纸中。
(2) 设计简要说明

要求：所有字应用仿宋字或方块字整齐书写，禁用手写体
- 设计构思说明
- 技术经济指标：总建筑面积、总用地面积、建筑容积率、绿化率、建筑高度等
- 设计人和指导教师姓名

(3) 图纸规格
- 图纸尺寸：841×594
- 表现方式：透视图或模型，表现技法不限；
- 每套图纸须有统一的图名和图号。

2.1.5　用地条件与说明

(1) 月湖景区位于该城区西南隅，是该市著名的风景区，也是该市的文化中心，它东至镇明路，南连长春路、三支街，西接共青路，偃月街，北达迎凤街，占地面积 28.6ha，其中水域 8ha，绿地 20.6ha，是该市市区内惟一的湖泊。

月湖开拓，始于唐代。至太和七年，兴修水利，"导它山之水，作堰江溪"，并引流如城，为日、月二湖，民得其利。至两宋时期，该市渐成繁华都市和京畿重镇，城中水利相继修浚，形成以月湖为核心的城市水网系统。"三江六塘河，一湖居城中"，现存的水则亭及月湖河道，就是这段历史的重要见证。建炎以后，宋室南迁，月湖成为四明故家大族聚集地，文人士夫会聚于此，退隐里居，读书讲学，成一时之尚。全租望曾写下优美篇章《湖语》，记载月湖的千年文明，令人叹为观止。为保护月湖，建设名城，1998年该市市政府投入巨资，实施月湖景区一期建设工程。历时两年，自南而北一气呵成，基本实现"浙东水乡特色，江南园林风格，历史文化内涵"之建设要求，并恢复了原有的月湖十景：烟屿、竹屿、松岛、月岛、花屿、柳汀、菊花洲、芳草洲、芙蓉洲和雪汀。月湖景区现成为该市市内最大的游览景区。为丰富人民群众的文化生活，建设和谐社会，现拟在月湖公园西岸附近建社区服务公共服务设施。建设内容为社区小型陈列馆和社区活动中心，两项总建筑面积约 2700m²，社区活动中心为一期工程，小型陈列馆为二期工程，分期进行设计和建设。

(2) 该用地所在的传统历史文化风景区西面为一中学和城市火车南站，东面为具有悠久历史的月湖湖面，北面为传统的历史住宅区，南面为城市道路。该地区既是整个在城市的旅游中心区、城市的窗口，也是生活在该地区的传统住宅区居民的生活、休憩的场所，又是各色各样的人流聚集地。

(3) 该用地西侧、南侧为规划道路，东侧紧邻湖面的为共青路，北面紧贴传统居住区的为楼井西街。

（4）地形图见附图。

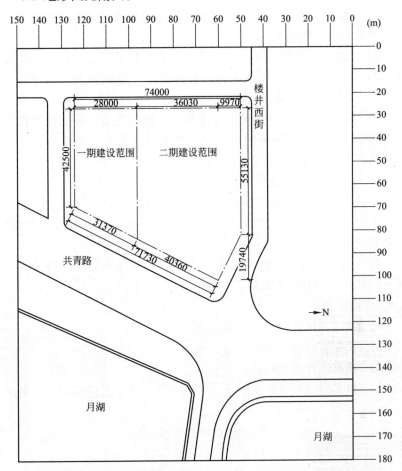

2.2　教学进度与要求

2.2.1　第一阶段

（1）集中讲课、布置任务书，专题调研。

（2）开始方案构思，绘制一草，内容包含总图、功能及整体构思，并制作体块模型。

2.2.2　第二阶段

（1）绘制二草，内容包括建筑的平面、立面、剖面、形体及整体构思。

（2）深化推敲方案，内容包括建筑的总、平、立、剖面图，并制作过程模型。

2.2.3　第三阶段

绘制定稿图，内容包括建筑的总平面、平面、立面、剖面图、透视图。

2.2.4　第四阶段

绘制正图(一律手绘)，表现手法不限，制作成果模型。

2.3 参观调研提要

1) 对此类已有建筑的总体布局、功能和流线进行合理的评价，探求此类建筑的一般特征。

2) 滨水建筑中建筑与自然水体的关系应该是怎么样的？水体会对建筑的形态、布局和空间产生怎么样的影响？建筑在设计的过程中应该怎么去融入这些因素。

3) 建筑与传统的历史文化应该是怎么样的关系？如何把当代的建筑与建筑所处的空间场所的历史文化之间呼应？是否简单应用传统形式和传统符号来进行呼应，还是有更深层次的联系方式？

4) 在建筑设计的过程中如何体现建筑的地域性？

5) 如何思考公共建筑的公共性？由于建筑所处区域的人员的复杂性，在设计的过程中建筑在满足居住区居民的日常的生活需求以外，如何兼顾这些潜在使用者的需求？

6) 大小、高度不同的建筑空间在平面和剖面上如何协调统一，如何处理其与结构形式之间的关系？

2.4 参考书目

1)《建筑设计资料集 3》（第二版）。
2)《民用建筑设计通则》。
3)《建筑设计防火规范》。
4)《世界建筑》、《建筑学报》、《建筑师》等相关建筑期刊与书籍。

3. 设计指导要点

社区活动中心属于中小型公共建筑，规模不大但建筑的功能、流线组织相对较前面的课程设计复杂。建筑的空间大小高矮各异，形体和空间处理容易产生变化，形成比较有趣生动的建筑。

3.1 总平面设计

1) 协调好一期建设用地和二期建设用地的关系，整体的考虑建筑场地的动态交通组织、静态交通布置以及景观关系。

2) 根据建筑的功能要求、周围道路交通情况以及四周人流的状况，合理的布置建筑的主次入口。

3) 在建筑的整体布局上应考虑与周边的景观与建筑的关系，以及是否能够形成良好的室外空间环境。

3.2 建筑设计

单体建筑设计其平、立、剖面图相互间应该综合考虑。通常可以根据建筑的平、立、剖勾画出建筑的形体，并对形体进行推敲，再根据形体适当的调整平、面、剖，这是建筑设计不断反复渐进的过程。

3.2.1 建筑的功能布局

(1) 对建筑的功能按照各种不同的分类方法如主次、动静，私密性要求等进行分类，寻找和发现个功能之间的关系以及潜在的联系。

（2）根据各功能的自身要求以及相互之间的关系，在平面和竖向上合理布局建筑的主要空间，次要使用空间和交通联系空间。

（3）考虑各功能空间以及交通联系的具体空间形式，从整体上形成一定的有序的空间序列，对于一些重要的空间节点进行精心的安排与处理，如对于建筑的入口空间以及重要的功能空间进行特殊处理等。

3.2.2 建筑的造型设计

（1）形体设计

结合建筑的平面和剖面，生成建筑的形体，建筑的形体是具体的功能布局所对应的空间形式在平面和竖向上的反映，合理的功能布局应该具有一定的形式美感。按照形体组织的基本原理对形体进行一些局部的调整，也可以使建筑的功能布局更加合理。功能推敲和形体的推敲是两个相互关联的，不断完善对方的过程。

（2）立面设计

立面设计应结合建筑的形体，根据建筑的各内部功能对通风采光等物理的要求以及人对空间的主观感受，对立面以及开窗形式进行合理的处理；

立面的虚实变化、开窗形式应符合形式美的原则，并能够反映建筑的形体关系。在立面形式上的处理运用对立统一的法则，在统一中进行变化。

4. 参 考 图 录

一层平面

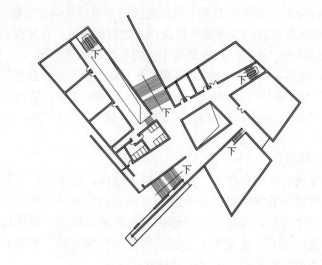

二层平面

立面图

学生信息服务中心建筑设计指导任务书

1. 教学目的与要求

学生信息服务中心,主要为高校学生提供展示、交流、交往的场所。促进大学生的信息交流,陶冶大学生的情操,提高大学生的综合素质。通过设计使学生能适当了解并掌握以下几点。

1) 了解展览、交往空间的特征,掌握空间设计方法,进一步提高建筑空间设计的能力。

2) 了解建筑与环境的关系,掌握总平面布置方法。

3) 设计体现建筑与场地环境,空间与建筑形式的有机契合关系,进一步提高建筑造型能力。

2. 设计任务书与教学要求

2.1 设计任务书

2.1.1 设计任务

"学生信息服务中心"位于某高校校园内,主要提供各类学生活动以及校园服务项目信息查询、学生社团活动作品展览及交流等。

2.1.2 设计要求

(1) 建筑空间设计体现展览和交往空间的特征,理解建筑空间与建筑功能的关系,提高建筑空间的创造能力和设计能力。

(2) 处理好室内空间和室外空间的关系,理解和掌握过渡空间的意义和设计方法。

2.1.3 面积分配与要求

总建筑面积控制在 550m^2 内(按轴线计算,上下浮动不超过5%)。

(1) 信息查询区:100m^2(含信息检索,问讯)。

(2) 展示区:200m^2(包括展示学生社团作品、学生优秀作业、校园信息陈列)。

(3) 休息兼交流区:100m^2(包括信息交流室、茶吧等具有公共性交往和私密性交往功能的空间)。

(4) 辅助用房:150m^2(其中交通空间 100 平方米,盥洗室、管理办公室、储藏室)。

(5) 以上建筑面积为室内建筑面积，室外展览和交往空间面积不限，不计入建筑面积。

2.1.4 图纸内容及要求

(1) 图纸内容

- 总平面图 1：300～500（全面表达建筑与原有地段的关系以及周边道路状况）。
- 首层平面图 1：100（包括建筑周边绿地、庭院等外部环境设计）。其他各层平面及屋顶平面图 1：100 或 1：200
- 立面图(2个)1：100
- 剖面图(1个)1：100
- 透视图(1个)或建筑模型(1个)

(2) 图纸要求

- A1 图幅出图(594mm×841mm)。
- 图线粗细有别，运用合理；文字与数字书写工整。一律采用手工工具作图，并作一定的彩色渲染。
- 透视图表现手法不限，可作钢笔水彩渲染，也可彩色铅笔，但作图要求细腻。

2.1.5 用地条件与说明

(1) 该用地位于某高校校园内。

(2) 该用地北侧为校园中轴景观带和校图书馆。东侧为校园运动场地，西侧为教学楼。南侧为景观绿化，植被良好，有一定的景观价值。

(3) 建筑红线退用地红线 6m。

(4) 地形图见附图。

2.2 教学进度与要求

2.2.1　第一阶段

（1）理论讲课——学生信息中心建筑的设计要求与要点，任务书的分析、并下达设计任务，课后进行参观调研。

（2）分析地形并确定总图布局。绘制一草。

2.2.2　第二阶段

（1）建筑形体的组合设计，确定平、立、剖面图的关系。

（2）绘制二草。

2.2.3　第三阶段

（1）完善平、立、剖面图，并绘制建筑透视草图。

（2）设计说明。

2.2.4　第四阶段

绘制正图（一律手绘）表现手法以钢笔淡彩为主，并要求字体端正且图纸粗细有别。

2.3 参观调研提要

1) 对已参观的建筑有何评价，展厅内部的功能流线合理吗？

2) 建筑的造型风格与环境是否协调？如果由你来设计，你会如何修改和设想。

3) 建筑内的净高有多少？大梁、柱、楼板之间的关系是怎样的？

4) 整个建筑中功能空间和服务空间的关系是怎样的？

5) 信息查询区、展示区和交流区三个区域的空间组合关系可采取哪些形式？

2.4 参考书目

1)《休闲娱乐建筑设计》中国建筑工业出版社

2)《文化馆建筑设计方案图集》中国建筑工业出版社

3)《全国大学生建筑设计竞赛获奖方案集》

4)《建筑学报》、《新建筑》、《世界建筑》、《时代建筑》等期刊

3. 设计指导要点

学生信息中心属小型综合性公共建筑，兼具展示、服务与交流的功能要求。建筑应体现高校文化建筑的特点，体现当代大学生的精神风貌，与校园环境相互协调。

3.1 总平面设计

1) 紧密结合基地环境，处理好校园环境和建筑的关系。建筑应尊重校园整体规划，并协调与周边建筑的关系。

2) 处理好室内外环境，综合考虑基地景观情况做一定的视线分析。

3) 充分考虑基地周边的交通道路情况，进行场地交通规划，布置

合理的建筑出入口位置，要求交通流线清晰便捷。

3.2 建筑设计

3.2.1 主要使用空间设计

（1）信息查询区设计应考虑信息查询的形式，不同的信息查询形式采用相对应的建筑空间形式；信息查询区设计应考虑与交通空间与辅助空间的关系。

（2）展示区设计应以"展示"和"参观流线"为核心。展示设计应考虑不同的展品及其展示形式，应提供多样的展示方式；展示空间应进行合理的展区分区，提供不同面积的展出空间。参观流线要明确，尽量避免迂回、重复、堵塞、交叉。

（3）休息交流区空间设计应能促进学生的交往，通过学生无意识和有意识的交往活动达到相互交流、传递信息和情感。可应用"共享空间"促进学生的交往。

3.2.2 辅助使用空间设计

辅助使用空间设计主要有：储藏间、管理用房以及卫生间等。

（1）分析辅助空间与主要空间的关系，并安排好各自相应的位置。如储藏空间应尽量与展示空间毗邻，方便展具和展品的存放。卫生间应使用便捷，但布置时应尽量隐蔽。

（2）辅助空间尽可能地不要与主要使用空间等争夺朝向、交通、景观的有利条件，同时，处理好"内"与"外"，"静"与"闹"的相对关系和流线。

（3）管理用房与储藏间属内部使用房间，其平面位置安排在内部方便之处。

3.2.3 交通空间的设计

门厅、过厅、廊道等均属于交通空间，平面组合时尽最大努力处理好连接各使用空间的交通关系，确保交通流线顺畅，避免交通路线迂回交叉，同时满足消防安全与疏散便捷的要求。

3.2.4 造型设计

学生信息中心地处某高校校区内，基地平缓，南面临近绿化景观，建筑造型设计应尊重校园现有建筑风格，同时体现高校文化建筑的特征。

4. 参考图录

某高校学生信息中心

立面图

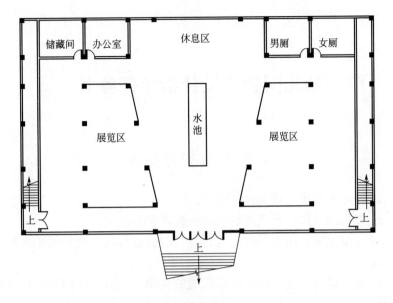

地下层平面

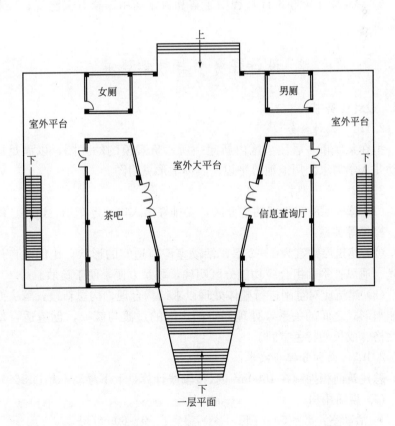

一层平面

幼儿园建筑设计指导任务书

1. 教学目的与要求

1) 学习教育类建筑的设计特点。
2) 掌握幼儿园单元式建筑空间的组合方法。
3) 了解建筑使用人群的行为特点,创造适宜幼儿成长的室内外活动空间。
4) 通过设计,进一步运用形式美的规律,创造体现幼儿的性格的空间造型。
5) 要求学生能在设计过程中了解和自觉运用国家有关法规、规范和条例。

2. 设计任务书与教学要求

2.1 设计任务书

2.1.1 设计任务

拟在某城市一居住小区内新建一所六班规模的幼儿园,以满足区内幼儿入学需求。用地地势平坦,具体地形见附图。

2.1.2 设计要求

(1) 总平面应解决好功能分区,安排好出入口、停车场、道路、绿化、操场等关系。

(2) 建筑层数宜为1～2层;活动室应有适宜的形状、比例及自然采光、通风;平面组合应功能分区明确,联系方便,便于疏散。

(3) 建筑应对空间进行整体处理以求结构合理,构思新颖,解决好功能与形式之间的关系,处理好空间之间的过渡与统一,创造适合幼儿性格、成长的特色空间。

2.1.3 面积分配与要求

总建筑面积控制在1500m^2内(按轴线计算,上下浮动不超过5%)。

(1) 生活用房

- 活动室:50～60m^2/班
- 寝室:50～60m^2/班
- 卫生间:15m^2/班
- 衣帽储藏间:9m^2/班
- 音体活动室:90～120m^2

(2) 服务用房

- 医务保健室：10m² 　　• 隔离室：8m²
- 晨检室：10m² 　　　　• 办公室：12m²×2个
- 资料及会议室：15m² 　• 传达及值班室：12m²
- 教工厕所：12m² 　　　• 储藏间：10m²

(3) 供应用房

厨房与洗衣房为80m²+20m²，只在总图中表示，不做单体设计。

2.1.4　图纸内容及要求

(1) 图纸内容

- 总平面图1：300～500(全面表达建筑与原有地段的关系以及周边道路状况)。
- 首层平面图1：100(包括建筑周边绿地、庭院等外部环境设计)。

其他各层平面及屋顶平面图1：100或1：200

- 立面图(2个)1：100
- 剖面图(1个)1：100
- 透视图(1个)或建筑模型(1个)

(2) 图纸要求

- A1图幅出图(594mm×841mm)。
- 图线粗细有别，运用合理；文字与数字书写工整。一律采用手工工具作图，并作一定的彩色渲染。
- 透视图表现手法不限，可作钢笔水彩渲染，也可彩色铅笔，但作图要求细腻。

2.1.5　用地条件与说明

(1) 该用地位于某小区中心位置。

(2) 该用地西面为小区会馆。东面为小区中心绿地。南面北面均为住宅楼。

(3) 东侧、北侧为6m宽小区次干道。南面为12m宽小区主干道。

(4) 地形图见附图。

2.2　教学进度与要求

2.2.1　第一阶段

(1) 理论讲课——茶室建筑的设计要求与要点，任务书的分析、并下达设计任务，课后进行参观调研。

(2) 分析地形并确定总图布局。绘制一草。

2.2.2　第二阶段

(1) 建筑形体的组合设计，确定平、立、剖面图的关系。

(2) 绘制二草。

2.2.3　第三阶段

(1) 完善平、立、剖面图，并绘制建筑透视草图。

(2) 设计说明。

2.2.4 第四阶段

绘制正图(一律手绘)表现手法以钢笔淡彩为主,并要求字体端正,图纸线条粗细有别。

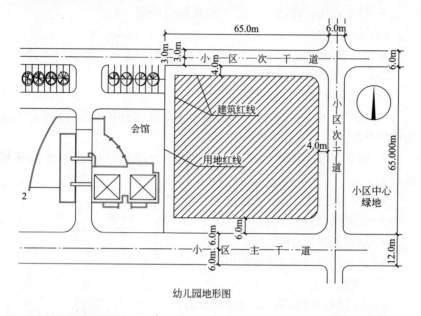

幼儿园地形图

2.3 参观调研提要

1) 对已参观的建筑有何评价,该建筑内部的功能流线合理吗?
2) 结合实例分析平面组合的方式?有何特点?
3) 建筑如何体现童趣?
4) 活动室的形状与大小如何?各有什么特点?
5) 如何合理安排活动室与卫生间、卫生间与卧室之间的关系?
6) 怎样合理安排服务用房及供应用房的位置?
7) 卫生间及洁具的具体尺度与成人有何不同?如何布置?
8) 有几个疏散通道?楼梯位置如何布置?
9) 请勾画你所参观的幼儿园平、立、剖面图和功能分区图。

2.4 参考书目

1) 建筑资料集编委会编.《建筑设计资料集》中国建筑工业出版社
2) 国家教育委员会建设司编.《幼儿园建筑设计图集》东南大学出版社
3) 袁必果,陈祖述,程丽编.《楼梯、阳台和雨篷设计》第二版.东南大学出版社
4) 建筑系学生优秀作品集编委会编.《建筑系学生优秀作品集》中国建筑工业出版社
5)《建筑学报》、《世界建筑》、《建筑师》等杂志中有关幼儿园建筑设计的文章及实例

3. 设计指导要点

幼儿教育，指对从出生到入小学之前的婴幼儿进行的教育，又称学前教育，早期教育。幼儿教育的场所分为托儿所和幼儿园。不足3岁的幼儿在托儿所接受教育，3～6岁幼儿的进入幼儿园学习。

3.1 总平面设计

1) 大、中型幼儿园应设两个出入口。主入口供家长和幼儿进出，次入口通往杂物院。

2) 根据设计任务书的要求对建筑物、室外游戏场地、绿化用地及杂物院等进行总体布置，做到功能分区合理，方便管理，朝向适宜，游戏场地日照充足，创造符合幼儿生理、心理特点的环境空间。

3) 幼儿园必须设置专门的室外游戏场地和不小于30m长的儿童跑道，供跑步、骑通车比赛等，宽约3m。每个班应有室外游戏场地，其面积不小于$50m^2$。

4) 幼儿园宜有集中的绿化用地，并严禁种植有毒、带刺的植物。

5) 幼儿园宜在供应区内设置杂物院，并单独设置对外出入口。

6) 基地边界、游戏场地、绿化等用的围护、遮拦设施，应安全、美观、通透。

3.2 建筑设计

3.2.1 各类用房的组成与使用要求

(1) 平面布置应功能分区明确，避免相互干扰，方便使用管理，有利于交通疏散。

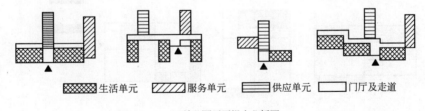

幼儿园平面组合分析图

(2) 幼儿园的生活用房应布置在当地最好日照方位，并满足冬至日底层满窗日照不少于3h(小时)的要求，温暖地区、炎热地区的生活用房应避免朝西，否则应设遮阳设施。

(3) 生活用房的主要用房室内净高不小于2.80m，音体活动室净高不小于3.60m。

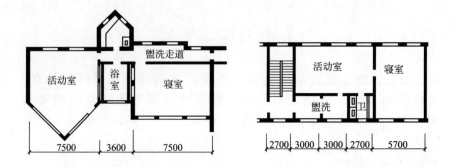

(4) 幼儿园的活动室、寝室、卫生间、衣帽贮藏室应设计成每班独立使用的生活单元。

(5) 全日制幼儿生活单元常用尺度。

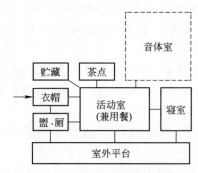

全日制幼儿单元功能组合示意图

(6) 各生活单元的组合形式

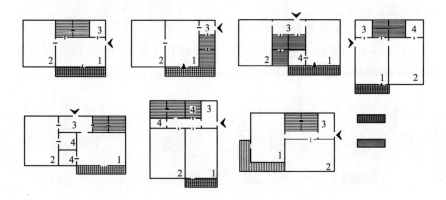

班级单元组合形式
1. 活动室；2. 寝室；3. 衣帽间；4. 贮藏

(7) 活动室即幼儿教室，是幼儿听课、作业、游戏、就餐的地方。幼儿大部分的活动都在这里。

- 活动室形状多为矩形，也可采用圆形，六边形或其他形状。
- 活动室平面布置应考虑多功能使用要求，保证活动圈半径不小于 2.5～3.0m。

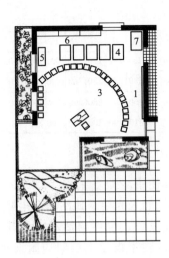
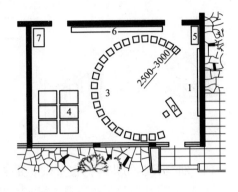

活动室平面布置

1. 黑板；2. 风琴；3. 椅子；4. 桌子；5. 积木；6. 玩具框；7. 分菜桌

(8) 幼儿身高及室内设施与家具基本尺度(单位：mm)

- 幼儿身高

年龄	3	4	5	6	7
男孩	960	1020	1080	1130	1180
女孩	950	1010	1070	1120	1160

- 幼儿身量尺度(设身高为 H)

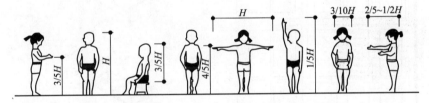

- 家具基本尺度

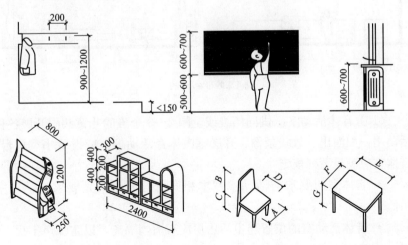

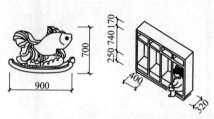

年龄(岁)	A	B	C	D	E	F	G
3~4	260	230	220	230	1000	700	410
4~5	280	250	250	260	1000	700	470
5~6	300	270	280	290	1000	700	520
6~7	310	290	300	310	1000	700	560

（9）幼全日制幼儿园的寝室供幼儿午睡使用。

• 寝室的要求与活动室基本相同。但天然采光要求比活动室稍低。

• 寝室与卫生间临近。卫生间可单独设置，也可与活动室合并，还可考虑跃层式，通过楼梯与活动室联系。寝室设于上层时应附设小厕所（一个厕位）。

• 室主要家具为床。为节省面积，可以采用轻便卧具或活动翻床。也可以在活动室旁布置一小间安放统铺。

• 寝室和活动室可以合并设置，面积按两者面积之和的80%计算。

• 幼儿床的布置及尺寸如图。

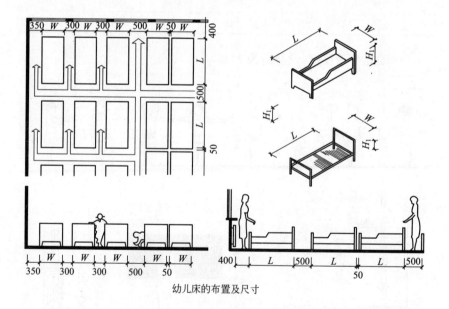

幼儿床的布置及尺寸

（10）音体活动室。供同年级或全园2~3个班的儿童共同开展各种活动用，如演出、放映录像、开展室内体育活动等。应设置小型舞台。音体室应满足下列规定：

• 音体室的要求与活动室基本相同。但天然采光要求比活动室稍低。

• 音体活动室的位置与生活用房应有适当隔离，以防噪声干扰。

- 音体室单独设置时，宜用连廊与主体建筑连通。使用人数多，宜放在一层。如放在楼层，应靠近过厅和楼梯间。
- 要求有好的朝向和通风条件。
- 入口空间适当放大，也可与门厅组合。
- 考虑多功能大型活动的要求，应当交通方便，空间形状便于灵活使用。
- 音体活动室至少设两个出入口，一个对内，一个直接对外。
- 音体室内功能形式与布置如图。

组合音体室各种功能形式

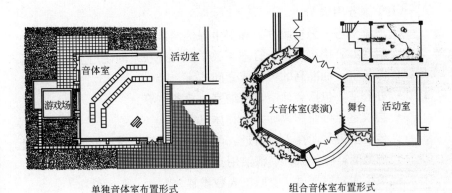

单独音体室布置形式　　　组合音体室布置形式

(11) 卫生间应分班设置，并满足下列要求：
- 卫生间应临近活动室和寝室，厕所和盥洗应分间或分隔，并应有直接的自然通风。
- 盥洗池的高度为 0.50～0.55m，宽度为 0.40～0.45m，水龙头的间距为 0.35～0.4m。
- 无论采用沟槽式或坐蹲式大便器均应有 1.2m 高的架空隔板，并加设幼儿扶手。每个厕位的平面尺寸为 0.80m×0.70m，沟槽式的槽宽为 0.16～0.18m，坐式便器高度为 0.25～0.30m。
- 炎热地区各班的卫生间应设冲凉浴室。热水洗浴设施宜集中设置，凡分设于班内的应为独立的浴室。
- 卫生间应为易清洗、不渗水并防滑的地面。
- 供保教人员使用的厕所宜就近集中，或在班内分隔设置。
- 幼儿与职工洗浴设施不宜共用。
- 卫生间平面布置如图示。

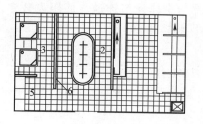 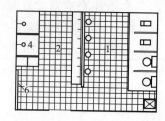

卫生间平面布置图
1. 厕所；2. 盥洗；3. 洗浴；4. 淋浴；5. 更衣；6. 毛巾及水杯架

（12）衣帽贮藏间应设于各班入口处，贮藏物品包括衣帽、被褥、床垫等。与教具贮存间可分可合。亦可设计为开敞形式。贮藏柜内可设壁柜，搁板。应注意通风。

（13）活动室位于楼层时，应设屋顶活动平台。阳台、屋顶平台的护栏净高不应小于1.20m，内侧不应设有支撑。护栏宜采用垂直线饰，其净空距离不应大于0.11m。

（14）服务用房

1) 服务用房分为行政办公和卫生保健两部分。

2) 行政办公用房指用于管理、教学及对外联系的使用空间。包括：

- 园长室，标准高的可设成套间式。
- 办公室，包括会计室，出纳室，总务室等。
- 会议室，可兼作教师办公和休息室。
- 传达值班室，在入口附近，可与主体建筑合建，也可单独布置。
- 贮藏间，存放家具、清洁用具或其他杂物用。
- 卫生间，根据男、女职工人数设置。

3) 卫生保健用房包括医务保健室、隔离室、医务室、晨检室。环境应安静清洁。

- 保健室和隔离室宜相邻设置，与幼儿生活用房应有适当距离。如为楼房时，应设在底层。
- 医务保健室和隔离室应设上、下水设施；隔离室应设独立的厕所。
- 晨检室宜设在建筑物的主出入口处，目的是检查进园儿童的健康状况，避免传染病。

（15）供应用房是为幼儿和职工提供饭食、用水及洗衣等的配套设施，包括厨房、消毒间、洗衣房、锅炉房等。应远离教学区，并应靠近后门，便于直接出入。毗邻厨房应设置一定面积的杂物院，约30~50m²。

3.2.2 平面组合方式

平面形状可为一字形、工字形、风车形、圆形等。

空间组合方式可以分为以下几种。

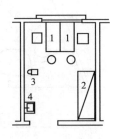

卫生保健用房布置形式　　　医务室布置形式
　　　　　　　　　　　　　1. 桌；2. 检查床；
　　　　　　　　　　　　　3. 体重计；4. 洗手盆

（1）走道式组合。每个使用房间相对独立性好，走道可分为外走道和内走道。

（2）厅式组合。布局紧凑，大厅往往为门厅或多功能厅，便于幼儿开展各种集体活动。

（3）单元组合式。标准化程度高，立面韵律感较强。

（4）庭院式组合。以庭院为中心进行空间布置，有利于室内外空间的结合使用。

（5）混合式布置。兼有两种以上组合方式，使用于较大规模的幼儿园。

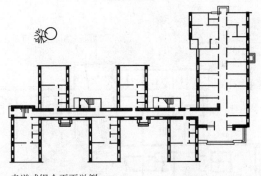

乌鲁木齐石化厂幼儿园
儿童活动单元以单面走道为主，可以减少干扰。管理部分采取内走道，可以减少面积。

走道式组合平面举例

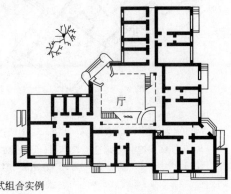

某部队幼儿园
围绕大厅一层共布置了5个幼儿活动单元。平面紧凑，空间变化丰富，建筑共两层，大厅贯穿了两层。

大厅式组合实例

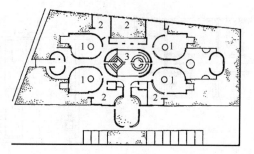

法国 纪隆德波当萨克镇幼儿园
1. 活动室　2. 寝室
3. 音乐活动室

单元组合实例

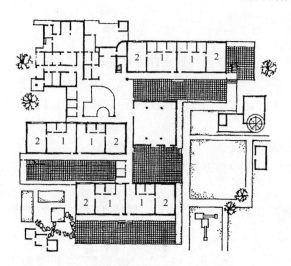

天津大学十二班
幼儿园首层平面图
1. 活动室
2. 寝室

庭院式组合式实例

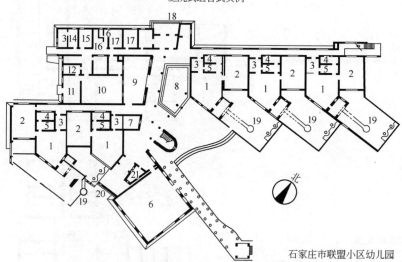

石家庄市联盟小区幼儿园

1. 活动室；2. 寝室；3. 衣帽；4. 厕浴；5. 盥洗；6. 音体室；7. 储藏；8. 下沉式多功能厅；
9. 中厅院；10. 厨房；11. 烧水间；12. 开水房；13. 库房；14. 休息；15. 消毒；
16. 厕所；17. 办公室；18. 入口；19. 班级活动场地；20. 次入口；21. 小景

混合式组合举例

3.2.3 活动场地

幼儿园室外游戏场地应满足下列要求：

（1）必须设置各班专用的室外游戏场地。每班的室外活动场地面积 $\geqslant 60m^2$。一般以硬地面为主。各游戏场地之间宜采取分隔措施。

（2）应有全园共用的室外公共游戏场地：（$>2m^2$/每生）总面积 $\geqslant 280m^2$。

（3）室外共用游戏场地应考虑设置游戏器具、30m 跑道、沙坑、洗手池和贮水深度不超过 0.3m 的戏水池等。

（4）室外场地要求有良好的朝向。不少于 1/2 的活动面积应在标准的建筑日照阴影线之外。

（5）场地位置应避免大量人流穿行。还可以设种植园地和小动物饲养场。

（6）总平面布置举例如下：

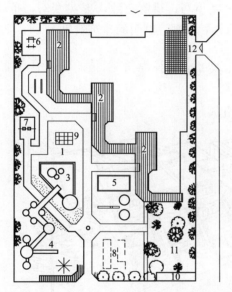

1. 公共活动场地；
2. 班级活动场地；
3. 涉水池；
4. 综合游戏设施；
5. 沙池；
6. 浪船；
7. 秋千；
8. 尼龙绳网迷宫；
9. 攀登架；
10. 动物房；
11. 植物园；
12. 杂物院

幼儿园场地布置示例

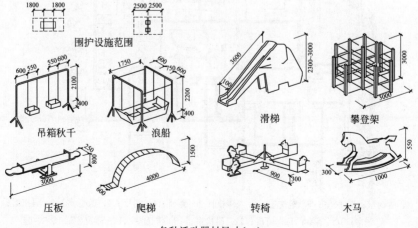

各种活动器材尺寸（一）

各种活动器材尺寸(二)

3.2.4 造型设计

幼儿园在建筑造型设计中应突出主体建筑鲜明的个性。

儿童活动单元因其数量多且反映建筑个性，常组合成富有韵律感的建筑群，形成托幼建筑的主体，起主导支配地位。

在建筑形体组合时应突出主体富有韵律感的形态，强调某一建筑符号的重复运用，考虑活动单元群与其特殊造型体之间的均衡。可以通过以下手法：体量不大，尺度小巧，错落有致，虚实变幻，布局活泼，造型生动，达到新奇、童稚、直观、鲜明的建筑效果。

4. 参 考 图 录

1) 同济大学设计六班幼儿园

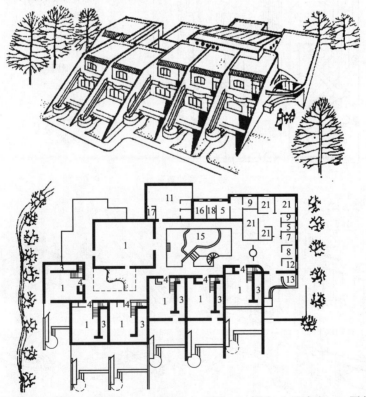

1. 活动室；2. 卧室；3. 盥洗室；4. 衣帽间；5. 厕所；6. 餐厅；7. 医务室；8. 隔离室；
9. 贮藏室；10. 浴室；11. 厨房；12. 晨检室；13. 传达室；14. 体育室；15. 中庭；
16. 洗衣房；17. 备餐；18. 烘干室；19. 内院；20. 锅炉间；21. 办公室；22. 烧火间

2）天津大学设计十二班幼儿园

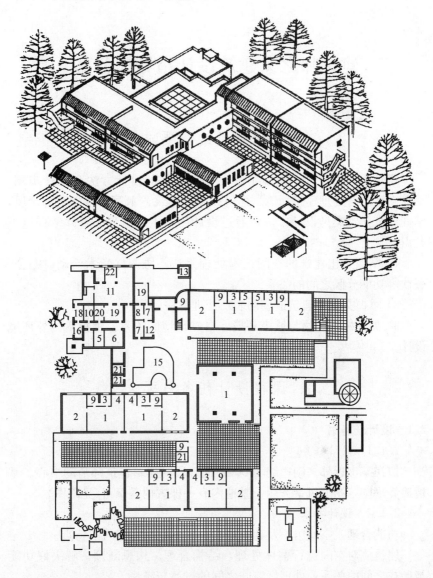

1. 活动室；2. 卧室；3. 盥洗室；4. 衣帽间；5. 厕所；6. 餐厅；7. 医务室；8. 隔离室；
9. 贮藏室；10. 浴室；11. 厨房；12. 晨检室；13. 传达室；15. 中庭；16. 洗衣房；
17. 备餐；18. 烘干室；19. 内院；21. 办公室；22. 烧火间

建筑师之家建筑设计指导任务书

1. 教学目的与要求

通过本课程设计,初步了解文化类建筑的设计方法和设计步骤,培养学生综合处理建筑功能、建筑技术和建筑艺术等诸多方面的矛盾,掌握综合建筑类型设计方法,通过设计使学生能适当了解并掌握以下几点。

1) 掌握文化建筑的空间艺术处理手法,协调好学术活动、办公、餐饮等功能分区之间的关系。

2) 掌握文化类建筑造型的表现处理手法。

3) 处理好建筑物与城市环境、自然环境的关系,重视室内外环境设计。

2. 课程设计任务与要求

2.1 设计任务书

2.1.1 设计任务

拟在某市近郊一湖边约 4000m^2 的地段内建一建筑师活动中心。基地地势平整,湖滨风景秀丽。基地内有一棵古树需保留(见附图)。

2.1.2 设计要求

功能合理,空间组织及建筑造型表现文化娱乐建筑的特点。

建筑应对空间进行整体处理,结构合理,构思新颖,解决好功能与形式之间的关系,处理好空间之间的过渡与统一。

处理好拟建建筑与城市环境、自然环境的关系。

重视室内外环境设计。绿化率不小于30%。

2.1.3 面积分配与要求

面积分配总面积为2500(按轴线计算正负10%)

(1) 活动部分

学术报告厅:200座,设固定座椅,280m^2;

小型会议室:2间,每间30~45m^2;

多功能舞厅:200m^2;

建筑信息资料室:90m^2;

工作室:6~8间,每间15~20m^2;

展览厅：90m²，可结合门厅、休息厅布置；
活动室：台球、乒乓球、棋牌、录像、卡拉OK等共200m²。
(2) 餐饮部分
大餐厅：150m²；
小餐厅：3~4个，每个20m²；
厨房：200m²，包括加工间、备餐间、库房、管理用房等；
咖啡酒吧及小卖，包括准备间、吧台等，共90m²。
(3) 管理部分
值班、办公、医务、更衣、浴室、仓库等共约150m²。
(4) 其他
车库：可停四辆小汽车；
设备用房，包括配电间、空调机房、水泵房，共100m²。

2.1.4 图纸内容及要求

(1) 图纸内容
- 总平面图1：500，全面表达建筑与周围环境和道路的关系。
- 首层平面1：200，包括建筑周围绿地、庭院等外部环境设计，适当布置建筑小品；其他各层平面和屋顶平面1：200，进行简单的家具布置。
- 立面图1：200(不少于2个)。
- 剖面图1：200(1~2个)。
- 透视图：外观和室内透视各一个，或建筑模型1个。
- 设计说明和经济技术指标。

(2) 图纸要求
- 图幅不小于A2。
- 图线粗细有别，运用合理；文字与数字书写工整。

2.1.5 用地条件与说明

(1) 该用地位于某市近郊一湖边约4000m²的地段内。
(2) 该用地南面为一人工湖。东面为一中学校。西面为城区中心绿地。北面为住宅区。
(3) 用地北侧为16m宽城市道路。东面为12m宽城市次干道。
(4) 地形图见附图。

2.2 教学进度与要求

2.2.1 第一阶段

理论讲课——建筑师之家的设计要求与要点，任务书的分析并确定总图布局，绘制一草；做体块模型，进行多方案比较。

2.2.2 第二阶段

建筑形体的组合设计，确定平、立、剖面图的关系，绘制二草。

2.2.3 第三阶段

进一步细化方案，完善平、立、剖面图，并绘制建筑透视草图和设计说明。

2.2.4 第四阶段

完成正式模型,绘制正图。

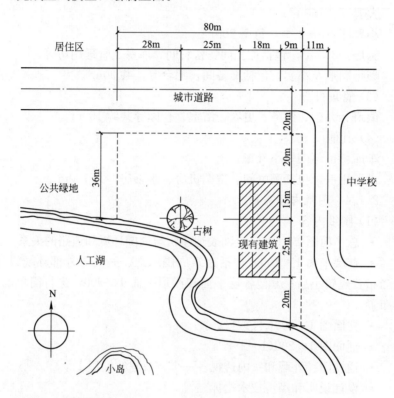

2.3 参观调研提要

1)结合实例分析建筑与环境的关系。

2)结合实例分析平面组合有何特点?空间构成的方式怎样?

3)建筑采用何种风格?如何体现反应当代建筑师的特点?

4)如何突出公共建筑物主入口设计?

5)门厅空间流线如何组织?各类活动用房之间的位置如何安排?

6)各专业用房有何特点?室内空间如何布置?

7)室内外空间如何进行连接和穿插?

2.4 参考书目

1)《建筑设计资料集》　　　　　　　中国建筑工业出版社

2)《建筑设计防火规范》　　　　　　中国建筑工业出版社

3)《全国大学生建筑设计竞赛获奖方案集 1993—1997》

　　　　　　　　　　　　　　　　　中国建筑工业出版社

4)《现代民用建筑设计丛书:文化娱乐建筑设计》陈述平等

　　　　　　　　　　　　　　　　　中国建筑工业出版社

5)《文化建筑设计》　　　　　　　　王其钧,王谢燕

6)《建筑学报》、《时代建筑》、《建筑师》等相关的专业杂志

3. 设计指导要点

3.1 总平面设计

1) 建筑师之家的总平面设计除了布置建筑主体外，还应结合地形的使用要求布置庭院、道路、停车场、绿化、环境小品等，创造优美的空间环境。

2) 总平面设计应符合下列要求：
- 功能分区明确，合理组织人流和车辆交通路线，注意考虑动静分区与内外分区；
- 处理餐饮娱乐区与学术交流区的关系，使其相互补充，有并避免交叉混杂。
- 充分利用周边环境特色，巧妙处理与学校、湖面等已有环境特点。

3.2 建筑设计要点

3.2.1 学术报告厅

- 可供学术报告、讲座、读者辅导活动之用，可设黑板，也可设置放映幻灯、电影及举行小型演出的设施。
- 为保证报告厅有良好的视线，容纳 200 座以上的报告厅常设置为阶梯地面，在一定距离的基础上逐步将地面升高。

(1) 设计视点的位置

设计视点一般以讲台口垂直中心线为准。它的确定与观看类型要求不同而存在差异。一般定在讲台口垂直中心线地面以上 30cm 处，如果是播放影视资料，则定在荧幕下沿的中心点上。

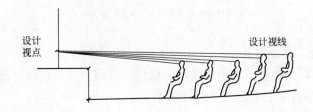

(2) 地面升起标准

地面升起标准在视线设计中以"c"表示。c 值具体是指观众视线与前一排观众眼睛间的垂直距离。当 c 值为 12cm，观看条件最好，无遮挡视线设计的标准。用这一标准地面升高较大。若 c 值采用 6cm，这是一般的标准，其视线质量也比较好，相当于隔排升起 12cm，观众厅座位错开布置，较为常用。

(3) 图解法求地面坡度

假设设计视点在 O 点，$c=6\mathrm{cm}$。观众眼睛距离地面高度为 h'，设计视点至第一排观众眼睛的水平距离为 l，排距为 d。求法：

第一步，将已选定的以上各项数值，按选用的比例尺画出如图。

第二步，由 O、A 连线延长至 B 点，B 点即为第二排观众眼睛的位置；B 点加上 $c=6$，O、E 连线延长至 F 点，F 点即为第三排观众眼睛的位置；再加 $c=6$，……直至最后一排。

第三步，画出各排观众眼睛距地面的高度 h'，各排 h' 下端点即为地面标高，它们的连线就是地面坡度线。

图解法画图采取较大比例尺，以 1：20 或 1：30 为宜。过小误差太大，失去实用意义。研究方案时其比例尺可用不小于 1：50。

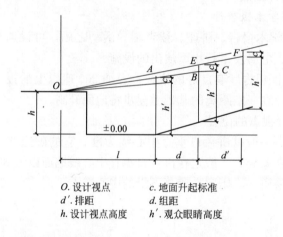

O. 设计视点　　　c. 地面升起标准
d'. 排距　　　　d. 组距
h. 设计视点高度　h'. 观众眼睛高度

3.2.2 餐饮部分

• 餐厅的位置：可位于底层、楼层、顶层、露天或独立设置方式。备餐间与餐厅最好在底层且直接联系。

• 餐厅一般要求有良好的通风，有条件的也可结合自然景色或庭院绿化布置。

• 厨房与餐厅最好设置于同一层，厨房空间组合要符合工艺流程要求，避免流线的往返交错。且厨房应有单独出入口。

• 厨房内部各部分既要联系方便，又要防止生食与熟食，净物与污物之间的路线混杂，粗加工要单独设置，冷食间、点心间要适当分开。

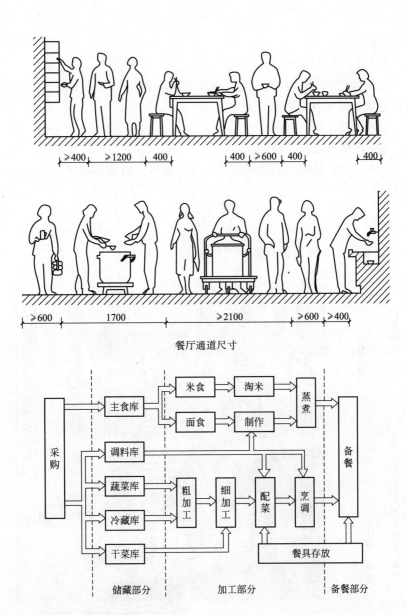

餐厅通道尺寸

3.3 建筑空间组合与造型设计

3.3.1 空间组合

建筑师之家的方案用地南临开阔水域，周边还有有绿地、学校等环境因素，结合功能复杂性与行为多样性，在空间组织方面应多加探索与尝试，可着重从以下几方面考虑：

（1）重视环境。在这片不算规则方正的用地中，需充分利用有利条件，诸如湖面、绿地等，更要巧妙处理与道路、学校的关系，尤其是与已有建筑物之间的关系。

（2）空间序列组织。学生应锻炼用丰富的空间组织来实现各类功能区块的有机组合，如可采用多轴线的重叠与组合，或采用吸收传统的庭院式布置，或采用弧线与直线的对话，亦或以简单规整的形体组成有序空间……

3.3.2 造型设计

建筑师之家的设计在造型上限制较少，利于学生充分发挥自己的设计特色，但要注意以下几点：

（1）重视设计的创意。
（2）注重形式与功能的统一。
（3）强调体块造型的推敲排列而非立面表皮的装饰效果。

4. 参考图录

1) 全国大学生设计竞赛获奖作品一

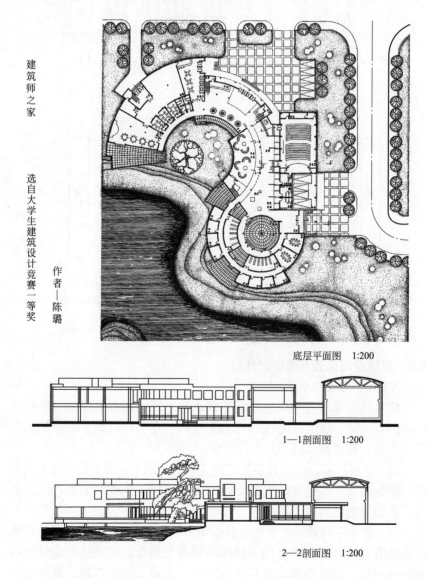

建筑师之家　选自大学生建筑设计竞赛一等奖　作者—陈璐

底层平面图　1:200

1—1剖面图　1:200

2—2剖面图　1:200

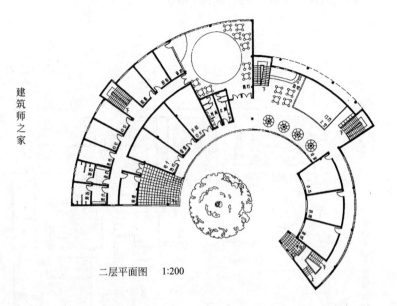

建筑师之家

二层平面图　1:200

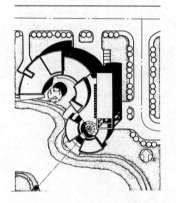

技术经济指标

基地面积	4800m²
总建筑面积	3640m²
占地面积	2430m²
绿地面积	1480m²
硬地面积	890m²
建筑密度	50.6%
容积率	0.76

总平面图　1:500

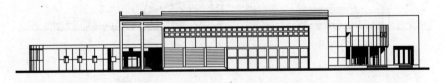

东立面图　1:200

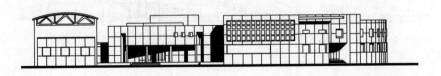

北立面图　1:200

2) 全国大学生设计竞赛获奖作品二

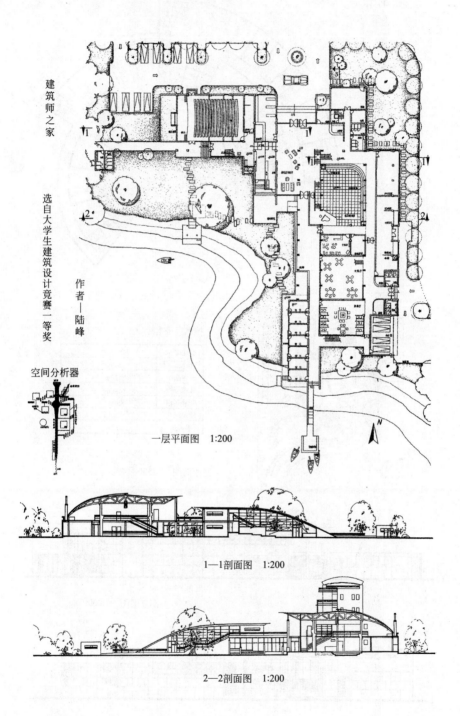

建筑师之家

选自大学生建筑设计竞赛一等奖

作者——陆峰

空间分析器

一层平面图 1:200

1—1剖面图 1:200

2—2剖面图 1:200

建筑师之家

技术经济指标
基地总面积:4800m²
建筑占地面积:2800m²
建筑面积:3700m²
绿化率:34.5%

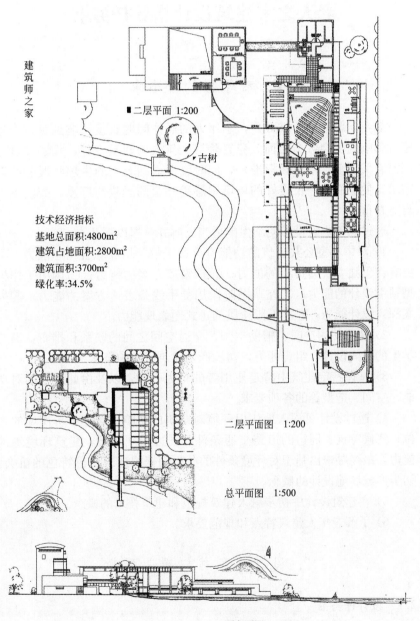

二层平面图　1:200

总平面图　1:500

西立面图　1:200

老人之家建筑设计指导任务书

1. 教学目的与要求

老年问题涉及千家万户，老年人的居住问题直接影响到每一个家庭，影响到社会各个层面。养老院等老年人的建筑设计，除了要遵守国家有关规范、指标和标准外，同时要考虑到老人的生理状况和心理需求，使他们能好在美好的环境中感受社会的温暖与尊重，鼓励老人自立自信。

通过老年之家设计使学生能适当了解并掌握以下几点。

1) 对中小型公共建筑的功能有全面了解，培养综合构思能力，主要有：①独立查阅资料的能力；②探索多方案的能力；③运用工作模型帮助设计的能力；④在草图阶段用徒手线条表达方案的能力；⑤方案深入设计能力；⑥在上版阶段的正式图表现能力。

2) 熟悉使用空间、辅助空间、交通空间之间的联系和排布，训练学生的空间设计、组合能力，初步产生建筑流线的概念。

3) 掌握特定建筑中特定使用者的行为心理，以及由此产生的对功能、空间、造型等的各项要求。

4) 通过设计更深入地认识环境对建筑的影响。培养分析用地的方位、气候特点、周边的道路交通条件、周边景观环境，建筑环境等的能力，最终寻求出基于对环境条件的分析而获得建筑构思特色的机会。初步形成场地设计的概念。

5) 在建筑设计中初步融入建筑规范和建筑技术的概念。

6) 了解老年人建筑特点和规范要求。

2. 设计任务书与教学要求

2.1 设计任务书

2.1.1 设计任务

在某住宅区中，拟建设一座社区老人之家，具体地形及周边状况参见地形图。

社区老人之家主要接收生活能基本自理，身体条件尚好的老人，含使用轮椅者，常设床位45张，并接收日托老人15名，作为社区公共设施，一般居民在节假日也可来参加活动，与老人交流，建筑规模为 2200~2400m²。

2.1.2 设计要求

(1) 解决好总体布局。包括功能分区、出入口、老年人生活流线、后勤服务流线等问题。并在合理的功能流线基础上，创造良好的空间关系。

(2) 了解老年人建筑特点和要求，使建筑满足无障碍设计的要求。

2.1.3 面积分配与要求

(1) 生活用房

- 二人或四人居住间：供二至四位老人居住休养，应有好的朝向，保证日照，通风良好。面积：30m²~40m²/间左右。
- 卫生间：每个居住间配备一个或者三间配备两个。面积：6m²左右/间。
- 小起居空间：每二至三个居住间，设计一个小起居空间，可以是开敞的如公共走廊的端头空间，也可以是封闭的，有门与公共空间隔开，供老人就近休息，交谈，下棋等。面积 16~20m²/间。

(2) 服务用房

- 餐厅兼活动健身厅：供 60 个老人日间锻炼身体，休闲聊天就餐，要求朝向好，阳光充足，可以与室外活动场地方便联系，与日托老人共同使用。面积 100m²。
- 娱乐图书室：供阅读书，做手工，下棋打牌等。面积 36m²。
- 多功能厅：可用于老人日间活动，也可用于社区居民活动或老人与儿童共同活动等，附带小卫生间二间，各一厕位，一洗手盆。面积 100m²。
- 多功能厅附带仓库：存放折叠桌椅等家具卫生间另加 6m²。
- 公共卫生间（含污物处理室）：要求使用轮椅者可以进入使用，面积 8~10m²。

污物处理室主要是工作人员进入使用的空间，面积 20m²。

- 公共浴室：男女按不同时间段分别使用，包括更衣，淋浴，浴池，护理盆浴及一个厕所间。面积 40m²。
- 护理人员工作站：靠近老人居住部分，可为开敞柜台式。面积 15m²×2。
- 接待室（带卫生间）：志愿者活动休息室，可兼作客房。面积 20m²。
- 办公室：院长，财务，值班，可分可合。面积共 36m²。
- 咨询站：社区老年工作服务、咨询。面积 15m²。
- 工作人员更衣、淋浴、卫生间：男女各一套。面积 15m²×2。
- 会议室：开会、活动。面积 30m²。

(3) 后勤用房

- 洗衣间：衣物、大件被褥洗涤等，面积 15m²。

- 厨房：有相应的杂物后院，便于供货汽车靠近与餐厅往来方便。面积60m²。
- 仓库：放置杂品。面积15m²。
- 室外场地：5个停车位，3m×5m。道路考虑汽车转弯半径。
- 活动场地：考虑老人室外活动要求，应朝阳，夏日有树荫。设散步小路和室外活动器材。
- 绿化：设景观绿化和少量蔬菜花圃园地，35％绿化率。

(4) 备注
- 居住间层高为2.8～3.0m。
- 餐厅～娱乐图书室层高为4.0m，平面形式可多样化。
- 多功能厅层高为4m，平面形式宜规则方正。
- 建筑若为二层则宜设担架电梯一部，也可以用坡道代替。

2.1.4 图纸内容及要求

(1) 图纸内容
- 总平面图1∶300～500(全面表达建筑与原有地段的关系以及周边道路状况)。
- 首层平面图1∶100(包括建筑周边绿地、庭院等外部环境设计)。其他各层平面及屋顶平面图1∶100或1∶200
- 立面图(2个)1∶100
- 剖面图(1个)1∶100
- 透视图(1个)或建筑模型(1个)
- 表达所需要的功能分析、流线分析等，及室内外小透视(可选)。

(2) 图纸要求
- A1图幅出图(594mm×841mm)。
- 图线粗细有别，运用合理；文字与数字书写工整。一律采用手工工具作图，并作一定的彩色渲染。
- 透视图表现手法不限，可作钢笔水彩渲染，也可彩色铅笔，但作图要求细腻。

2.1.5 用地条件与说明

(1) 该用地位于某高校校内居住区，可在一、二两个地段中选择一个设计。

(2) 地形图见附图。

2.2 教学进度与要求

2.2.1 第一阶段

(1) 理论讲课——老年人建筑的设计要求与要点，任务书的分析、并下达设计任务，课后进行参观调研。

(2) 分析地形并确定总图布局。绘制一草。

2.2.2 第二阶段

(1) 建筑形体的组合设计，确定平、立、剖面图的关系。

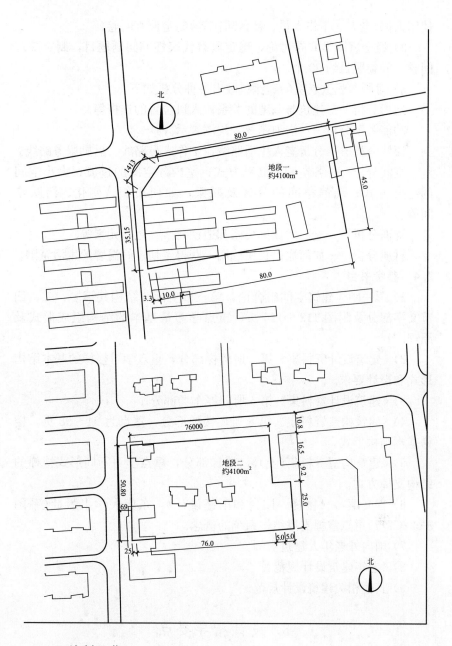

(2) 绘制二草。

2.2.3 第三阶段

(1) 完善平、立、剖面图,并绘制建筑透视草图。

(2) 设计说明。

2.2.4 第四阶段

绘制正图(一律手绘)表现手法以钢笔淡彩为主,并要求字体端正图纸粗细有别

2.3 参观调研提要

1) 参观前以小组为单位自行提出设想问题,可根据建筑中不同的

使用人群(老人、工作人员、社区居民等)制定调查问卷。

2) 经全班同学共同讨论，确定具有代表性的问题题目，制定最终问卷。问卷题目约 30 个。

3) 对所参观敬老院(养老院)做出各种分析如下。

地形分析——建筑与基地的关系；入口位置的选择等。

功能关系分析——泡泡图及方块图表示。

流线分析——分析老人生活路线、工作人员路线、后勤服务路线。

空间分析——各空间的联系方式；室内外空间的过渡；大小空间的组合方式；动静空间的分区及联系；如何组织、变化、活跃空间等。

立面分析——立面的比例关系和造型元素、色彩元素等。

材质分析——如何通过材质选用，获得亲切友好温馨的生活氛围。

2.4 参考书目

1) 彭一刚《建筑空间组合论》第三章空间与结构其第一、二、四节文字部分及附图 113~136 页，重点学习最基本的结构组成形式及原理。

2)《建筑设计资料集》第一册楼梯部分，重点学习楼梯的基本结构形式和设计要求。

3)《建筑设计资料集》第 6 册，停车场部分。

4)《建筑构造资料集》第 8 册，楼梯部分，重点为 94~98 页，楼梯基本结构形式。

5)《建筑构造资料集(上)》，楼梯部分，重点学习不同形式楼梯的结构支撑方式。

6) 程文瀼，《楼梯、阳台和雨篷设计》，东南大学出版社(系图 Tu22C777)重点掌握支撑结构系统的概念。

7) 国内外老年人建筑实例。

8)《老年建筑设计规范》。

9) 其他相关建筑设计规范。

3. 设计指导要点

老年之家是老年人养老、生活的场所，老年人建筑应考虑到老人的体能与心态特征。随着年龄的增长，人们视力可能会衰退，出现眼花、视力模糊、色弱，甚至失明等情况，腰腿疾患对老年人而言发病率较普遍，这些疾患使他们出现步履蹒跚，行走障碍，抬腿迈步困难，步距缩小的现象，甚至需要借助扶手、拐，或用轮椅出行，上肢活动度降低，臂力推力都会力不从心，影响生活操作。

老年人需要社会关怀理解和环境支持，渴望相互交往获得参与社会的平等机会。生活上则喜欢安静，但不希望寂寞，喜欢阳光，不喜欢阴暗。
3.1 总平面设计
1) 根据任务书要求分析四周道路情况，分析人流的主要来源方向，合理布置好建筑的主入口。在后勤区内应设置杂物院，并单独设置对外出入口。

2) 老年人建筑基地应阳光充足，通风良好，视野开阔，与庭院结合绿化、造园，宜组合成若干个户外活动中心，备设坐椅和活动设施。老年人居住建筑的起居室、卧室，老年人公共建筑中的疗养室、病房，应有良好朝向、天然采光和自然通风，室外宜有开阔视野和优美环境。

3) 室外活动场地也需要有充足的阳光和良好的通风条件，能为建筑功能分区、出入口、室外场地的布置提供必要条件。

3.2 建筑设计
单体建筑设计其平、立、剖面图相互间应该综合考虑。通常可以是从建筑型体着手构思出不同建筑形体的组合形体，并勾画出相应的平面图、立面图与剖面图。

3.2.1 主要使用空间设计
(1) 首先，确定老人之家生活用房、服务用房、后勤供应用房三大功能之间的位置和关系，活动场地和建筑体之间的关系。

(2) 根据老人生活流线，工作人员服务办公流线，后勤物流进出流线，再次细分三大功能关系中各个功能用房的排布关系。理解垂直交通和水平交通之间的联系。

(3) 室外活动场地和老人生活用房应联系紧密，方便老人进行室外活动，同时各个功能单位之间应考虑无障碍设计。

3.2.2 辅助使用空间设计
(1) 首先，分析辅助空间与主要空间的关系，并安排好各自相应的位置。

(2) 老人之家的服务用房中，餐厅兼活动健身厅、娱乐图书室、多功能厅等应与生活空间有一定的联系，方便老年人活动。服务人员用房也应与老人生活空间联系紧密，以便及时为老人提供生活助理服务。

(3) 供应用房应相对独立，并设门，以防老人进入供应区内造成事故。

3.2.3 交通空间的设计
门厅、过厅、廊道等均属于交通空间，平面组合时尽最大努力处理好连接各使用空间的交通关系，确保交通流线顺畅，避免不同流线的交叉，同时，满足消防安全与疏散便捷的要求。

老年人建筑交通空间应满足如下要求：

(1) 缓坡台阶踏步踢面高不宜大于 120mm，踏面宽不宜小于 380mm，坡道坡度不宜大于 1/12。台阶与坡道两侧应设栏杆扶手。

(2) 当室内外高差较大设坡道有困难时，出入口前可设升降平台。

(3) 出入口顶部应设雨篷；出入口平台、台阶踏步和坡道应选用坚固、耐磨、防滑的材料。

(4) 老年人公共建筑，通过式走道净宽不宜小于1.80m。

(5) 老年人出入经由的过厅、走道、房间不得设门槛，地面不宜有高差。

(6) 通过式走道两侧墙面0.90m和0.65m高处宜设$\phi 40\sim 50mm$的圆杆横向扶手，扶手离墙表面间距40mm；走道两侧墙面下部应设0.35m高的护墙板。

(7) 老年人居住建筑和老年人公共建筑，应设符合老年体能心态特征的缓坡楼梯。

(8) 老年人使用的楼梯间，其楼梯段净宽不得小于1.20m，不得采用扇形踏步，不得在平台区内设踏步。

(9) 缓坡楼梯踏步踏面宽度，居住建筑不应小于300mm，公共建筑不应小于320mm；踏面高度，居住建筑不应大于150mm，公共建筑不应大于130mm。踏面前缘宜设高度不大于3mm的异色防滑警示条，踏面前缘前凸不宜大于10mm。

(10) 不设电梯的三层及三层以下老年人建筑宜兼设坡道，坡道净宽不宜小于1.50m，坡道长度不宜大于12.00m，坡度不宜大于1/12。坡道设计应符合现行行业标准《方便残疾人使用的城市道路和建筑物设计规范》JGJ 50的有关规定。并应符合下列要求：

• 坡道转弯时应设休息平台，休息平台净深度不得小于1.50m。

• 在坡道的起点及终点，应留有深度不小于1.50m的轮椅缓冲地带。

• 坡道侧面凌空时，在栏杆下端宜设高度不小于50mm的安全挡台。

(11) 楼梯与坡道两侧离地高0.90m和0.65m处应设连续的栏杆与扶手，沿墙一侧扶手应水平延伸。扶手宜选用优质木料或手感较好的其他材料制作。

其他注意事项：

老年人由于年龄偏高，其行动迟缓，因而在居住空间的设计方面要充分考虑老年人步行和使用轮椅的空间，老人建筑宜3层及3层以下，4层及以上应设电梯。室内地面应消除所有的高差，使老人乘着轮椅能自由地在住宅内移动。要合理缜密地布置室内每一件家具设备，其尺寸要方便老人使用。要适当减少室内家具的数量，最大限度地减小老年人房间的面积，从而降低老年人行动的能耗。要给护理人员或家人留有护理空间，特别是浴室和厕所，一定要大一些，以保证老人活动需要和协助老人时所需要的空间。此外，设计时还应认真考虑房间细部，比如地面材料的质感、颜色，家具的尺度、形式、宽度、材料，以及门开窗面积、形式等，以满足老年人的各种实际需要。

老年住宅设计要从老人的安全、舒适、方便出发。老年人由于生理老化，腿、脚动作逐渐变得不灵活，所以住宅内的地面材料要求防滑，要排除高差和门槛；在厕所和浴室应设置必要的辅助设施，门最好是推拉式。由于生理老化，老年人的判别力、行动力急剧减退，因此，室内应安装紧急呼叫装置，能方便、及时地或自动地发出警报，使老人在紧急、危险的情况下能够得到及时救助。

4. 设 计 实 例

1) 敬老院，vitry-sar-seine，法国，设计者：soisick claret

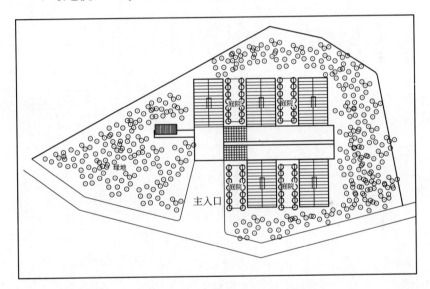

总平面图

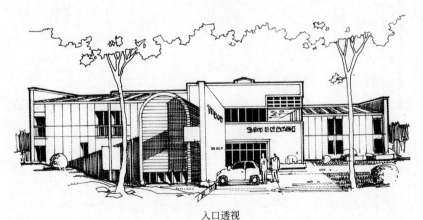

入口透视

2) 老人活动中心，福建省南平市，中国，设计者：福建省建筑设计院

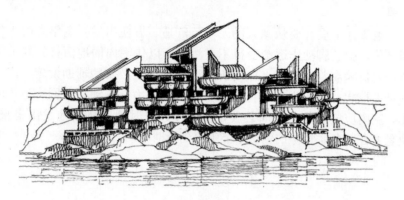

沿江透视

第 2 章 提高设计阶段题目

通过基础设计阶段的学习，学生掌握了建筑设计的基本方法与步骤。

把基础设计与提高设计这两个阶段相比，提高设计阶段不光是建筑规模的简单扩大和建筑功能的简单复杂化，而是建筑观的扩展和深化。

到达这一阶段，对建筑概念应该有一个泛化的过程，因为建筑本身就蕴藏着人类广泛的社会属性，建筑是人类在一定文化和时代背景下的产物，建筑它必然会与人类的文化、时代、技术以及人的情感等因素相联系。

对于这一阶段的题目更需要注重其他学科的渗透，例如：文脉、文化、结构、技术等，所以本章共编入 9 个这类的设计题目，例如：以表达地方文脉的有主题博物馆，有反映社会文化的美术馆，有以空间结构与造型结合的长途汽车站，有以旧厂房改造的 LOFT 建筑的大学生活动中心，也有反映竖向不同标高与复杂地形的山地旅馆等。

通过这些题目的训练进一步激发和提高学生的创作型思维能力和综合分析能力以及良好的图纸表达能力。

也可以说，这一阶段的学习是五年制建筑学教学中一个"承上启下"的关键性的一个阶段。

某 12 班小学设计指导任务书

1. 教学目的与要求

小学规划及建筑设计涉及三大功能区和多栋建筑的规划,其中又存在各类间距和朝向的限制,具有一定难度。

1) 对小学的功能分区有全面了解,培养一定的规划能力。
2) 对室外空间有一定的感知能力,能处理好内部空间与外部空间、单体建筑与整体环境的关系。
3) 学习掌握中小学校建筑的功能要求、结构要求、消防要求等。
4) 学会自行研读相关规范、学习在限制条件下进行设计。

2. 设计任务书与教学要求

2.1 设计任务书

2.1.1 设计任务

某市为适应教育事业发展,完善教学环境,征得有关部门批准,决定在市区边缘兴建一重点小学,12 班规模。

2.1.2 设计要求

(1) 解决好总体布局。功能分区要求减少互相干扰、出入口选择合理、内部校园环境组织有序。

(2) 控制好各类间距、协调好动静分区。

(3) 教学区为此次设计重点,要求空间尺度合理、并尽量为学生提供有效的交流场所。

2.1.3 面积分配与要求

用地面积:14214m^2

建筑面积:4000m^2(按轴线计算,上下浮动不超过5%)

建筑密度:≤30%

绿化率:≥40%

建筑高度:<24m

设计项目包括教学用房、办公公共用房及体育场地,具体内容如下:

(1) 教学用房(约 1860m^2)

- 普通教室:60m^2×12

- 教师休息室：20m²（每层设置）
- 计算机教室：80m²×2（带仪器室）
- 音乐教室：80m²×2（带设备室）
- 语言教室：80m²×2（带准备室）
- 美术教室：80m²×2（带准备室）
- 舞蹈教室：120m²
- 合班教室：120m²
- 卫生间每层设置，共180m²
- 茶水间（每层设置）

(2) 办公及公共用房（约1100m²）
- 多功能厅：400m²（无柱大空间；容纳一个年级，设准备室、声光控制、茶水、贮存、卫生间等配套设施）
- 教师办公室：20m²×12
- 领导办公室：40m²×3
- 会议室：60m²
- 谈话室：20m²×2
- 阅览室：150m²
- 医务室：20m²
- 广播室：20m²
- 少先队大队部：20m²
- 收发传达室：20m²
- 门厅：各单体灵活设置

(3) 体育场地
- 田径场：200m环形跑道
- 篮球场：4个（28m×15m）
- 排球场：2个（18m×9m）

(4) 辅助用房（总图表达，不计入总面积）
- 食堂：50m²
- 杂物修理间：100m²
- 收发传达室：25m²×2
- 体育器材间：50m²

2.1.4 图纸内容及要求

(1) 图纸内容
- 总平面图1∶1000（全面表达建筑与原有地段的关系以及周边道路状况）。
- 单体建筑各层平面图1∶200
- 各单体主要剖面（1个）1∶100
- 各单体立面图（不少于2个）1∶200
- 鸟瞰图（1个，大小自定）

- 局部透视(个数不限,自选角度,大小自定)
- 技术经济指标

(2) 图纸要求
- A1 图幅出图(594mm×841mm),张数自定。
- 图线粗细有别,运用合理;文字与数字书写工整。一律采用手工工具作图,并作一定的彩色渲染。
- 透视图表现手法不限,可作钢笔水彩渲染,也可彩色铅笔,但作图要求细腻。

2.1.5　用地条件与说明

(1) 该用地位于某市市郊,基地内平整。
(2) 该用地南、西、北临道路,东与某住宅区相邻。
(3) 西侧道路宽 21m,为城市主干道;南侧道路宽 12m,为城市次干道;背侧道路宽 7m。
(4) 地形图见附图。建筑红线均退让用地红线 3m。

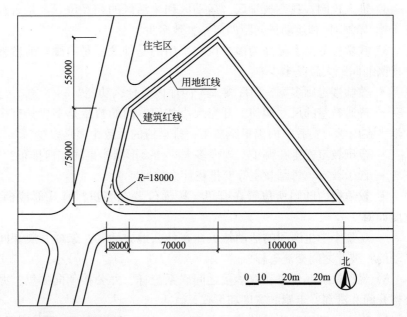

2.2　教学进度与要求

2.2.1　第一阶段

(1) 理论讲课——小学校园的规划设计要求与要点,任务书的分析、并下达设计任务,给出调研提纲,课后进行参观调研。
(2) 分析地形并确定总图布局。
(3) 估算各部分面积和层数,绘制一草。

2.2.2　第二阶段

(1) 建筑群的总体轴测(体块),调整建筑体量,确定层数。
(2) 理清流线、细化路网。
(3) 绘制二草。

2.2.3 第三阶段
(1) 完善平、立、剖面图,并绘制建筑鸟瞰图和透视草图。
(2) 设计说明。
(3) 分析图。

2.2.4 第四阶段
绘制正图(一律手绘)表现手法以钢笔淡彩或者彩铅渲染为主,并要求字体端正、计算指标准确、图纸表达粗细有别、富有层次。

2.3 参观调研提要
1) 观察小学周边道路宽度和车流量及周边情况。思考主入口的选择为什么选择在目前的道路上。

2) 观察放学上学时间段,校门前的人流量和目前校前广场的大小是否合适?有没有影响到周边道路的正常交通?目前存在哪些问题?

3) 实地踏勘基地周边,观察基地朝向。注意运动区和教学楼的布置朝位。

4) 进入校园,观察教学区、运动区和生活区的相互位置,是否存在干扰?教学楼和运动场间距如何?大致多少?

5) 教学楼的高度最高为多少层?采用的是外廊还是内廊?前后教学楼南北间距大致是多少?

- 教学楼走廊多宽?门厅多大?门厅内有什么功能?
- 普通教室的尺寸如何?开窗大小如何?门的数量是多少?有多少学生在内学习?教室内黑板距离第一排桌椅的大致距离是多少?
- 合班教室安排在哪里?规模多大?什么形状?桌椅如何排布?
- 音乐教室、舞蹈教室等安排在什么位置?
- 教学楼内的厕所位置在哪里?楼梯位置在哪里?有几部楼梯?宽度如何?
- 观察小学生课间的活动特点。在什么地方活动?怎样开展课间活动的?彼此之间交流怎样?

6) 观察教师办公楼和教学楼之间联系怎样?办公楼朝向哪里?办公楼开间和进深?走廊的宽度和形式。

7) 观察运动区环形跑道布置的朝向?有无风雨操场?朝向哪里?运动区内各场地是如何安排的?学生从哪里可以进入并到达?

8) 观察生活区的方位。食堂在上风向还是下风向?食堂有无单独出入口?食堂到宿舍区和教学区的便利程度如何?宿舍楼多高?其彼此间距大致是多少?

9) 体会从校前广场到校门直至主体建筑的空间序列。

2.4 参考书目
1) 张宗尧等编著:《中小学校建筑设计》,中国建筑工业出版社
2)《建筑设计资料集编委会》编著:《建筑设计资料集》,中国建筑工业出版社

3)《建筑学报》、《世界建筑》、《建筑师》等杂志中有关学校建筑设计文章及实例

3. 设计指导要点

作为教育建筑,小学规划和建筑设计的关键在于处理好教学区、辅助教学区、办公区、后勤区、体育活动区等区域的相互关系,并创造良好的区域之间及区域内部的空间构成。

3.1 总平面设计

1) 分析任务书所给的基地条件,对周边道路进行判别,确定主次入口的位置。注意:校校门不宜开向城镇干道或机动车流量每小时超过300辆的道路,并且校门外应留出一定缓冲距离。

2) 学校用地应包括建筑用地、运动场地和绿化用地三部分。建筑用地内包含教学区、生活区。学校运动场地应包括体育课、课间操及课外体育活动的整片运动场地。学校绿化用地应包括成片绿地和室外自然科学园地。各用地之间或使用绿化带,或以道路中心线为界进行隔离。

3) 计算运动区所占面积。由于300m环形跑道所占面积较大,且其长轴一般宜南北向布置,分析基地情况,确定运动区在总平面的区域。

4) 注意控制好各类间距。例如:两排教室的长边相对时,其间距不应小于25m;教室的长边与运动场地的间距不应小于25m。

3.2 建筑设计

小学设计的主要使用空间是教学用房。次要用房包括办公用房及辅助用房等。

3.2.1 主要使用空间设计

对于小学而言,教学用房主要分为普通教室和专业教室两大类。专业教室又包括:计算机教室、音乐教室、劳动教室、语言教室、美术教室、实验室、自然教室、舞蹈教室等。

教学用房

(1) 教学用房的平面,宜布置成外廊或单内廊的形式,并且南北朝向。教学用房的平面组合应使功能分区明确、联系方便和有利于疏散。

(2) 普通教室常规采用矩形,一般长边为采光面布置。其进深不宜过大,以免影响边排学生的视距,开间也不宜过大,以免影响后排学生的视距。8400×7200、9300×7200等均为常规使用的柱网尺寸。

(3) 普通教室的层高不宜低于3.6m。

(4) 教室应利用自然采光,保证最佳朝向,还要避免室内直射阳光。学生座位排列宜使光线从左侧而来,窗台高宜为0.9m,玻地比不低于1/6,并应防止眩光。

(5) 专业教室中,舞蹈及音乐等教室声响较大,应该注意远离一般教学用房。

(6) 合班教室和多功能教室平面形式较为灵活,可根据总图形态要求采取多种形式。

3.2.2 次要使用空间设计

小学的次要使用空间包括教师用房和辅助用房。教师用房包括各类办公室及会议室以及配套服务用房等。辅助用房包括卫生间、茶水间、收发室、文印室、档案室、设备用房、广播社团、卫生保健室、储藏、体育器材。次要使用空间的朝向没有强制要求,最好南北向布置。

(1) 教师用房要便于教师和学生沟通,要和教学用房有较为便捷的联系。

(2) 教学楼内应分层设饮水处。宜按每 50 人设一个饮水器。饮水处不应占用走道的宽度。

(3) 教学楼内厕所的位置,应便于使用和不影响环境卫生。在厕所入口处宜设前室或设遮挡措施,应采用天然采光和自然通风,并应设排气管道。

(4) 保健室的窗宜为南向或东南向布置,广播室的窗宜面向操场布置。

3.2.3 交通空间的设计

小学的交通空间包括走廊、楼梯、门厅、过厅等。这些交通空间除了负担了人流疏散的实际功能外,还有其他意义。

(1) 走廊设计

教学用房:内廊不应小于 2100mm;外廊不应小于 1800mm。

行政及教师办公用房不应小于 1500mm。

实际设计中往往加以扩大,以形成学生交往的公共空间。

(2) 楼梯设计

教学用房人群密集,使用楼梯的时间也具有集中使用的特点。为了安全考虑,楼梯坡度,不能太陡;梯段之间也不应设置遮挡视线的隔墙;楼梯不得采用螺形或扇步踏步;楼梯井的不应过宽,以防止儿童攀滑。

(3) 门厅设计

小学门厅有在某时间段内人群集中使用的特点,因此,要注意其面积,不宜过小。

门厅内往往还设置宣传栏、小型展览等功能,要综合考虑。

(4) 过厅设计

在不同性质的教学用房之间或者不同功能的用房之间,可以设置过厅,以利于空间转换。

3.2.4 造型设计

小学的建筑造型应该重于学习气氛的营造并适合于主要使用者的年龄层次。因此，小学建筑造型往往在整体上呈现出沉稳安宁的气质，而在局部采用活跃元素点缀。

(1) 形体设计

由于主要教学用房朝向作南北向考虑，因此，往往在东西向设置连廊或者非教学的办公用房来增强建筑群体之间的围合感。考虑到单纯连廊在体形上过于纤细，可以加大连廊宽度，使之兼具休息交往的功能，或者在连廊上附设次要用房，提高交通部分的利用率。

就小学建筑群而言，条形体块多为教学用房、办公用房等，实际设计中为了活跃形体，往往需要设置点状形体，点状形体常结合每层必须设置的楼梯间、茶水间、卫生间等用房综合设计。

(2) 造型风格与立面设计

A. 造型风格

传统的国内小学校以满足基本功能为主，建筑风格偏向简洁、稳重，局部构件加以点缀或者局部使用高饱和度建筑色彩活跃气氛。

近年来随着教学理念的发展，小学校的建筑风格也呈现出不同的风貌。

• 台湾传统校园的建筑风格

多使用红砖、坡顶、拱券、凉廊等元素，建筑细节上引入中国传统建筑符号，注重轴线处理、注重空间序列和景观处理，风格沉稳隽永。

• 欧洲新古典主义的校园建筑风格

风格上模仿欧美贵族名校，试图再现校园的"历史感"和"文化"气息，用材考究、比例严谨、细节充分。私立学校多追求这种风格。

• 完全现代建筑风格

风格简洁明快，真实反映结构体系和功能关系，是大多数小学常选用的建筑风格。

B. 立面设计

小学教学楼的立面设计，首先要保证教学用房的采光需求，保证一定的开窗面积，但开窗形式可以加以设计。由于大多数教学楼采用单外廊式布局，走廊的设计较为灵活，自由度比较大，可以结合其结构体系进行。

4. 参考图录

1) 无锡市沁园新村小学

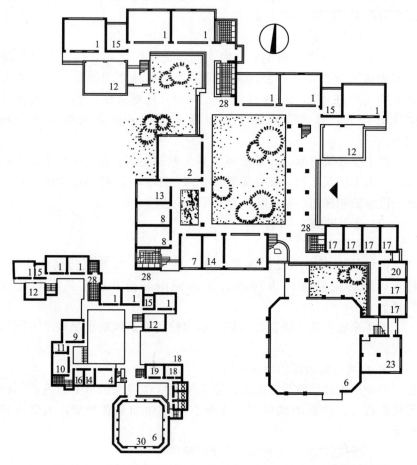

1. 普通教室； 2. 自然教室； 3. 厨房； 4. 音乐教室； 5. 跑马廊； 6. 健身房兼礼堂；
7. 体育器械室； 8. 科技活动室； 9. 学生阅览室； 10. 教育阅览室； 11. 书库；
12. 展览厅； 13. 准备室； 14. 乐器室； 15. 教师休息室； 16. 广播室；
17. 行政办公室； 18. 教师办公室； 19. 会议室；
20. 配电间； 28. 卫生间； 30. 报告厅

二层平面图　　　　　　　　一层平面图

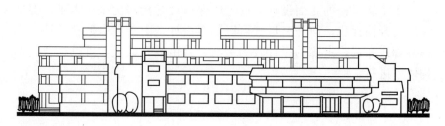

立面图

2）桂林市宁远小学教学综合楼

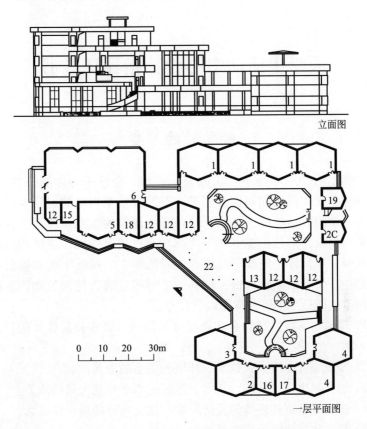

立面图

一层平面图

大学生活动中心设计指导任务书

1. 教学目的与要求

大学生活动中心是一个集办公、娱乐、会议于一体的公共建筑，它的使用功能和流线相对比较复杂，对设计基本理论的运用要求也较高，有一定的设计难度。为此，结合既有建筑的改造，使学生在确定的建筑布局设计上尽可能专注于内部功能、建筑空间、建筑构造的设计，这样一个设计任务既可以很好地锻炼学生运用低年级掌握的基本设计理论，又可以了解构造、材料、色彩等建筑设计相关知识。通过设计使学生能适当了解并掌握以下几点。

1) 理解与掌握具有综合功能要求的休闲、娱乐公共建筑的设计方法与步骤。
2) 理解综合解决人、建筑、环境的关系的重要性。
3) 培养解决建筑功能、技术、建筑艺术等相互关系的能力。
4) 初步理解室外环境的设计原则和建立室外环境设计观念。
5) 初步掌握建筑改造的基本设计方法。

2. 设计任务书与教学要求

2.1 设计任务书

2.1.1 设计任务

我国某高校，为满足大学生课余活动的需要，提供大学生自我实践和社会参与的机会，并为校学生会及其主要文化社团提供相应的活动场所，拟对校园原有废弃工厂进行改建，充分利用其工业建筑空间特点改造成为一座大学生活动中心。用地位于某高校校园内，建筑红线内用地面积 $3650m^2$，详见附图。

2.1.2 设计要求

（1）要求平面功能合理，空间构成流畅、自然，室内外空间组织协调。

（2）结合基地环境，处理好校园环境与建筑的关系，做好相应的室内、外环境设计。

（3）考虑所在地区气候特征，保证良好的采光通风条件，创造较好的室外使用空间。

(4) 考虑所处大学校园的环境特征及原有建筑的风格，立面有特色、造型新颖，体现高校建筑的文化特点，反映当代大学生精神风貌及文化活动所需。

(5) 在改造上要求做到技术上合理，可行性强。

2.1.3 面积分配与要求

总建筑面积控制在 2500m² 内（按轴线计算，上下浮动不超过10%）。

面积分配（以下指标均为使用面积）：

(1) 学生活动用房：总面积 540～560m²
- 多功能厅　　240m²　　　小型集会兼报告厅
- 展览用房　　60～80m²　可结合门厅、休息厅开敞式布置
- 交谊用房　　240m²　　　包括舞厅、茶座、管理间等

(2) 学生辅导用房：总面积 400m²
- 综合排练厅　　160m²
- 各类专业教室　240m²

其中：美术书法教室　　80m²
　　　语言教室　　　　80m²
　　　微型计算机教室　80m²

(3) 专业工作用房：总面积 280～300m²
- 美术书法工作室　　60m²
- 音乐、舞蹈工作室　80m²
- 摄影工作室　　　　60～80m²　含暗室
- 青少年生活指挥部　20m²
- 学生会期刊编辑部　60m²　　　可分为 2～3 间

(4) 公共服务用房：总面积 280～300m²
- 值班管理室　　　　　　　　20～30m²　结合门厅布置
- 开水间　　　　　　　　　　10～15m²
- 茶室（休闲吧）　　　　　　60～80m²
- 小卖部（小型书店、器材店）　30～40m²
- 门厅、休息厅、厕所、库房等，面积设计者自定，要满足基本使用要求和相应的设计规范

(5) 学生会办公用房：总面积 180～200m²
- 各部办公室　20×4＝80m²
- 小型会议室　30～40m²
- 校广播站　　60m²　　　　含播音、录音、编辑、机房等

注：以上面积未含交通面积，设计者可根据使用要求自定。

2.1.4 图纸内容及要求

(1) 图纸内容
- 总平面图 1：500（全面表达建筑与原有地段的关系以及周边道

路状况)。
- 首层平面图1∶200(包括建筑周边绿地、庭院等外部环境设计),其他各层平面及屋顶平面图1∶200。
- 立面图(2个)1∶200
- 剖面图(1~2个)1∶200(至少一个剖面反映主要的改造手法)。
- 透视图:外观和室内透视至少一个,或建筑模型一个。
- 设计说明和经济技术指标。

(2) 图纸要求
- A1图幅出图(594mm×841mm)。
- 图线粗细有别,运用合理;文字与数字书写工整。一律采用手工工具作图,并作一定的彩色渲染。
- 透视图表现手法不限,可作钢笔水彩渲染,也可彩色铅笔,但作图要求细腻。

2.1.5 用地条件与说明

(1) 该用地位于某大学校园中心位置,校园坐落于城市风景区。

(2) 该用地呈三角形,周边环境优美。东北侧毗邻城市低层住宅区和学生宿舍区,西侧为六层高的学校教学楼,南侧为校办工厂。

(3) 用地东北侧为校园围墙(挡土墙,高差4m)。

(4) 地形图见附图。

2.2 教学进度与要求

2.2.1 第一阶段

(1) 第1周:讲解设计任务书。参观有关活动中心建筑。
课后收集有关资料,并做调研报告。

(2) 第2、3周:讲授原理课。分析任务书及设计条件。做体块模型,进行多方案比较(2~3个),第一次草图检查。

2.2.2 第二阶段

第4、5周:确定发展方案。进行第二次草图设计。针对方案存在的主要问题进行调整。做工作模型。

2.2.3 第三阶段

第6、7周:讲评二草。在评图后推敲完善,进一步细化方案。进行工具草图绘制。为正图绘制做好准备。完善工作模型。

2.2.4 第四阶段

第8周:绘制正图。绘制彩色透视效果图或完成正式模型。

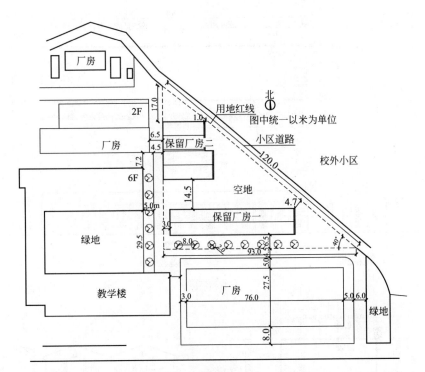

地形图一

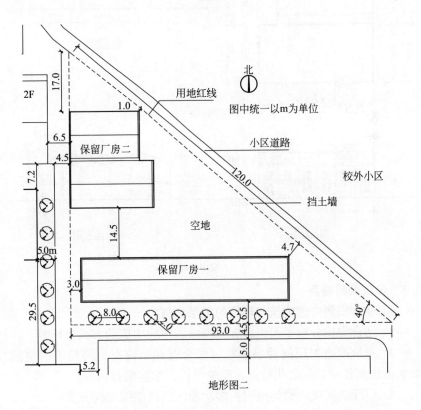

地形图二

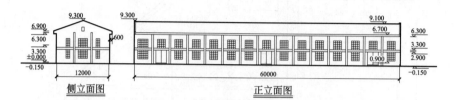

平面图

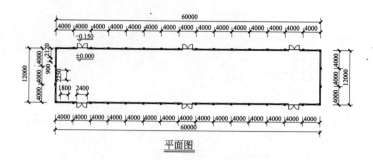

保留厂房一

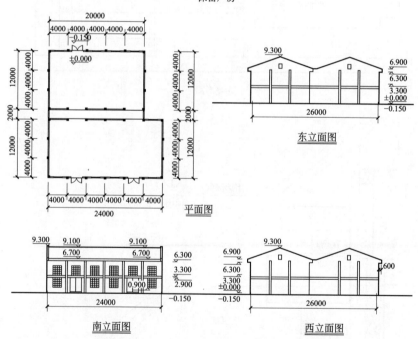

保留厂房二

2.3 参观调研提要

1) 结合实例考虑建筑与环境的关系如何？
2) 结合实例分析平面组合有何特点？空间构成的方式怎样？
3) 建筑改造采用何种手法？怎样合理利用原有厂房建筑的空间？如何体现高校建筑的文化特点，反映当代大学生精神风貌？
4) 门厅空间流线如何组织？多功能区域的组织如何分流？
5) 如何合理安排学生各类活动用房之间的关系，以及各用房与公共用房之间的位置安排？

6）各专业用房有何特点？室内家具如何布置？

7）卫生间位置如何？怎样布置？

8）结合实例找出1~2个你认为设计精彩的地方，说出理由。

9）结合实例找出1~2个你认为设计不合理的地方，说出理由。

2.4 参考书目

1)《休闲娱乐建筑设计》中国建筑工业出版社

2)《建筑设计资料集》中国建筑工业出版社

3)《建筑设计防火规范》中国建筑工业出版社

4)《景观设计学——场地规划与设计手册》

5)《建筑学报》、《世界建筑》、《建筑师》等各类建筑杂志中有关学生活动中心建筑设计的文章及实例。

3. 设计指导要点

把原有厂房改建成大学生活动中心是一个较为新颖的设计题目，设计者需要做到保留两处厂房的外部轮廓，充分利用其工业建筑空间特点进行改造，使之设计成为与大学生活动中心办公空间相匹配的建筑。

3.1 总平面设计

1）活动中心的总平面设计除了布置建筑外，还应结合地形的使用要求布置室外活动场地、庭院、道路、停车场、绿化、环境小品等，创造优美的空间环境。

2）总平面应注意以下问题：

功能分区明确，合理组织人流和车辆交通路线，对喧闹与安静的用房应有合理的分区与适当的分隔。

安排好各种流线，如观演流线、学习流线、专业工作流线、管理流线等，使其不交叉混杂，便于管理。

3）当活动中心基地距教学楼、图书馆等建筑较近时，馆内噪声较大的观演厅、排练室、游艺室等，应布置在离开上述建筑一定距离的适当位置，并采取必要的防止干扰措施。

3.2 建筑设计

3.2.1 各类用房的组成与要求：

大学生活动中心由学生活动用房、学生辅导用房、专业工作用房、公共服务用房、学生会办公用房等部分组成。

（1）学生活动用房。

包括多功能厅，展览厅，交谊用房。

- 多功能厅

a. 多功能厅包括门厅、观演厅、舞台和放映室等。

b. 观演厅的规模一般不宜大于300座。

当观演厅规模超过 300 座时，观演厅的座位排列、走道宽度、视线及声学设计以及放映室设计，均应符合《剧场建筑设计规范》和《电影院建筑设计规范》的有关规定。

当观演厅为 300 座以下时，可做成平地面的综合活动厅，舞台的空间高度可与观众厅同高，并应注意音质和语言清晰度的要求

- 展览厅（陈列室）

展览用房包括展览厅或展览廊、贮藏间等。每个展览厅的使用面积不宜小于 65m²。

展览厅内的参观路线应通顺，并设置可供灵活布置的展板和照明设施。

展览厅应以自然采光为主，并应避免眩光及直射光。

展厅内观众通道不小于 2~3m。高度一般小于 5m。

展览厅（廊）出入口的宽度及高度应符合安全疏散、搬运版面和展品的要求。

- 交谊用房

包括舞厅、茶座、管理间等。

a) 舞厅包括舞池、演奏台、存衣间、吸烟室、灯光控制室和贮藏等。

b) 舞厅的活动面积每人按 2m² 计算。坐席占定员数的 80% 以上。

c) 为跳舞需要，舞池不宜狭长，宽度宜大于 10m。

d) 舞厅应具有单独开放的条件及直接对外的出入口。

e) 舞厅应设光滑耐磨的地面，较好的室内装修与照明，并应有良好的音质条件。

f) 茶座应附设准备间，准备间内应有开水设施及洗涤池。

g) 舞厅的位置应避免影响其他房间的正常使用。

(2) 学生辅导用房。

包括综合排练厅和各类专业教室。

(3) 专业工作用房

包括美术书法工作室，音乐、舞蹈工作室，摄影工作室，青少年生活指挥部，学生会期刊编辑部等。

- 音乐工作室

应附设 1~2 间琴房。每间琴房使用面积不小于 6m²，做隔声处理。

- 舞蹈工作室

a) 综合排练室的位置应考虑噪声对毗邻用房的影响。

b) 室内应附设卫生间、器械贮藏间。有条件者可设淋浴间。

c) 沿墙应设练功用把杆，宜在一面墙上设置照身镜。

d) 根据使用要求合理地确定净高，并不应低于 3.6m。

e) 综合排练室的使用面积每人按 6m² 计算。

f) 室内地面宜做木地板。

g) 综合排练室的主要出入口宜设隔声门。

- 美术书法工作室

使用面积不小于 24m²。北面或顶部采光为宜。室内设洗涤池,挂镜线。

• 摄影工作室

应附设摄影室及洗、印暗室。暗室应有遮光及通风换气设施,设置冲洗池和工作台。暗室可设 2~4 个小间供培训学习使用。

(4) 公共服务用房。包括茶室(休闲吧),小卖部(小型书店、器材店值班管理室),开水间,门厅,休息厅,厕所,库房等。

(5) 学生会办公用房。包括学生会各部办公室,小型会议室和校广播站等。

3.2.2 交通与疏散要求

(1) 观演厅、展览厅、舞厅、大游艺室等人员密集的用房宜设在底层,并有直接对外安全出口。

(2) 活动中心内走道净宽不应小于下表的规定。

分类	双面布房(m)	单面布房(m)
学生活动部分	2.10	1.80
学习辅导部分	1.80	1.50
专业工作	1.50	1.20

(3) 活动中心学生活动部分、学习辅导部分的门均不得设置门槛。

(4) 凡在安全疏散走道的门,一律向疏散方向开启,并不得使用旋转门、推拉门和吊门。

(5) 展览厅、舞厅、大游艺室的主要出入口宽度不应小于 1.50m。

(6) 活动中心屋顶作为屋顶花园或室外活动场所时,其护栏高度不应低于 1.20m。设置金属护栏时,护栏内设置的支撑不得影响群众活动。

(7) 人员密集场所和门厅、楼梯间以及疏散走道上,应设置事故照明和疏散指示标志。

3.2.3 空间组合方法与形式

(1) 空间组合方法

a) 按功能分区进行空间组合

b) 按各房间的功能关系进行空间组合

c) 根据使用特点进行空间组合

d) 满足各使用房间有良好的物理环境进行组合

e) 满足安全疏散要求进行组合

(2) 空间组合形式

a) 集中式

集中式组合布局紧凑,用地经济。功能分区宜按楼层进行划分。可设置屋顶花园,以增加露天活动场地。

b) 分散组合式

当占地较大,或基地被山坡、水面、树木分割得比较零散时,可采用分散式组合。这种组合流线较长,与环境有良好的结合,可分期建设。

c）庭院式组合

庭院式组合可在庭院中设置绿化或安排室外活动场地。庭院可以是单院，也可以是多院，在庭院上加盖玻璃顶，可形成中庭。

3.2.4 造型设计

（1）此次设计任务的造型设计重点是怎么在原有建筑的造型基础上推陈出新，既要保留原有建筑的大体框架，又要根据新建筑的新的使用功能特点使其焕发出新的生命力。

（2）大学生活动中心建筑的造型特点总体应该大气，活泼，外向，不用拘泥于一种建筑风格，造型手法也可以形式多样，灵活变化，如采用虚实结合、凹凸有致、高低错落、材料对比等等，但是应该注意的是，要与保留建筑自然地衔接与过渡。

（3）造型设计应注意与实际使用功能相结合，在考虑平面功能的同时就应该预先构思立面形式，同样，进行造型设计同时也不应撇开平面功能任意发挥，比如针对不同的功能教室就应该采用不同的立面形式，如舞蹈教室不宜开窗过多，否则不利于大面积的落地镜的安放，而书法教室则需要充足的采光与良好的朝向，这样才能够使人更好地沉浸在书法艺术的海洋之中。

4. 参 考 图 录

1) 深圳大学学生活动中心

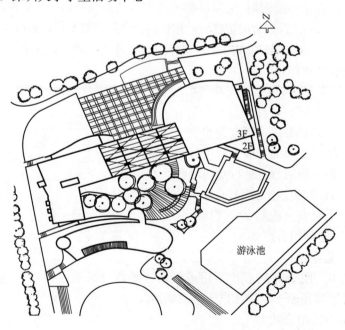

总平面图

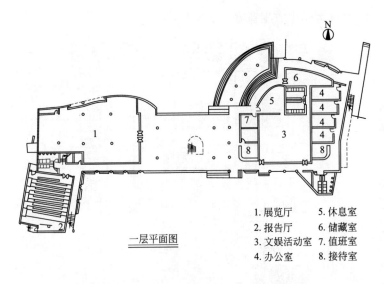

1. 展览厅　　5. 休息室
2. 报告厅　　6. 储藏室
3. 文娱活动室　7. 值班室
4. 办公室　　8. 接待室

一层平面图

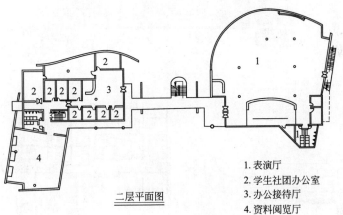

1. 表演厅
2. 学生社团办公室
3. 办公接待厅
4. 资料阅览厅

二层平面图

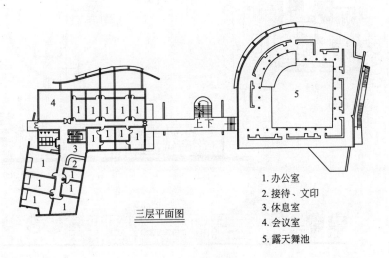

1. 办公室
2. 接待、文印
3. 休息室
4. 会议室
5. 露天舞池

三层平面图

各层平面图

2）全国大学生方案竞赛一等奖作品

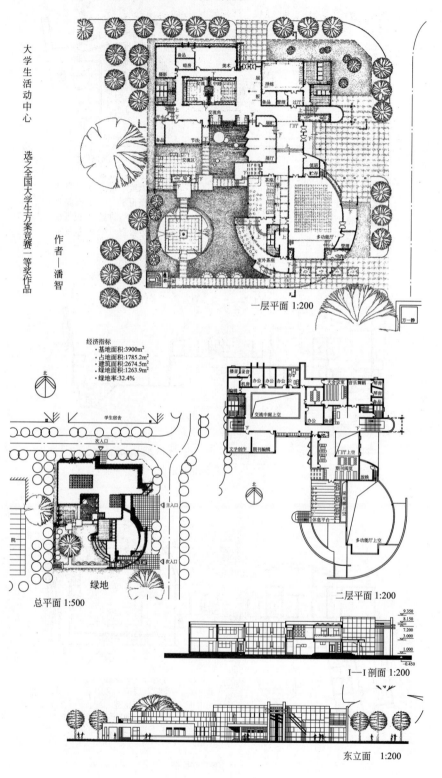

长途汽车客运站建筑设计指导任务书

1. 教学目的与要求

本课程设计属交通类建筑。本次作业的重点是处理好车流、人流的流线关系，同时反映现代交通建筑快速、方便、安全、舒适的特点。此外，在造型上应力求新颖、并适当考虑地方特色。通过设计使学生能适当了解并掌握以下几点。

1) 通过长途汽车客运站建筑设计，理解与掌握交通建筑的设计方法与步骤。
2) 训练和培养学生处理和组织复杂流线的能力。
3) 了解大跨度空间结构的简单承载与力学关系。
4) 培养解决建筑功能、技术、艺术等相互关系的能力。

2. 设计任务书与教学要求

2.1 设计任务书

2.1.1 设计任务

随着我国国民经济的发展，某市公路交通客运量成倍增长，原有客运站的规模及运送旅客的能力已不能满足要求，现拟在该市中心边缘区接近火车站附近选址，新建一座长途汽车客运站。要求按新建客运站年均日旅客发送量为 3000 人次，日发车量 80 辆，停车场驻车 40 辆考虑，规模属城市三级站。

2.1.2 设计要求

(1) 合理安排汽车进、出站口，布置停车场和有效发车位。
(2) 建筑布局合理，分区明确，使用方便，流线简捷。
(3) 站前广场应明确划分车流路线、客流路线、停车区域、活动区域及服务区域。

2.1.3 面积分配与要求

总建筑面积控制在 3500m^2 内(按轴线计算，上下浮动不超过5％)。

(1) 客运营业部分
- 候车厅：800～1200m^2。
- 售票厅：120～200m^2。
- 售票室：50m^2。

- 票据库：9m²。
- 医务室：20m²。
- 行包托运处：80m²。
- 行包提取处：50m²。
- 行包库房：120m²。
- 小件寄存处：10m²。
- 问讯处：10m²。
- 饮水及盥洗：50m²。
- 小卖部(总计)：100m²。

旅客厕所按旅客最大聚集量600人计算卫生器具数量，男女人数对等。出口处设验票，补票室及供到站旅客使用的厕所，面积自定。其他如电话厅等自定。

(2) 站内业务部分
- 站务员室：50m²(3～4间)。
- 值班站长室：20m²。
- 调度室：20m²。
- 财务室：20m²。
- 统计室：20m²。
- 公安值勤：10～15m²。
- 广播室：12m²。
- 会议室：100m²。
- 司机休息室：40m²(可分男女各一间)。
- 外地司机驻站招待所：60m²。

工作人员盥厕自定。

(3) 站台部分
- 发车站台发车数(有效发车位数量)8～12个。
- 站内停车场应能停放40辆驻站车。

(4) 站前广场部分
- 站前广场应能集散大量的车流和人流，要求有停放大小汽车10辆和自行车200辆的场地，面积由设计者自行安排。

(5) 附属建筑部分：(只要求在总平面上表示)
- 工作人员生活服务楼(包括食堂)：100m²。
- 锅炉房：100m²。
- 客车维修车间：500m²。(分洗车、修车)

2.1.4 图纸内容及要求

(1) 图纸内容
- 总平面图1：500～1000(全面表达建筑与原有地段的关系以及周边道路状况)。
- 首层平面1：300(包括建筑周边绿地等外部环境设计)

- 其他各层平面，包括屋顶平面 1∶300
- 立面 2～3 个 1∶300
- 剖面 1～2 个 1∶300
- 透视或鸟瞰图（外观透视图大小不小于 40×40cm）
- 设计说明及技术经济指标

(2) 图纸要求
- A1 图幅出图（594mm×841mm）。
- 图线粗细有别，运用合理；文字与数字书写工整。一律采用手工工具作图，并作一定的彩色渲染。
- 透视图表现手法不限，可作水彩或水粉表现，但作图要求细腻。
- 每张图要有图名（或主题）、姓名、班级、指导教师。

2.1.5　用地条件与说明

(1) 选定建筑基地有两处，基地 A 位于城市干道与环城公路交叉口，西去一公里为火车站，基地地势平坦。基地 B 位于城市干道南侧，基地地势平坦。

(2) 地形图见附图。

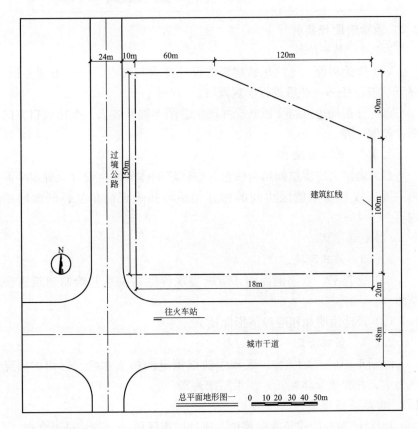

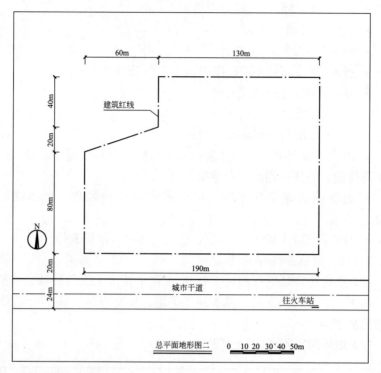

总平面地形图二

2.2 教学进度与要求

2.2.1 第一阶段

(1) 理论讲课——汽车站建筑的设计要求与要点，任务书的分析，并下达设计任务，课后进行参观调研。

(2) 分析周边道路交通状况并确定总图布局和各人、车出入口方向等。绘制一草。

2.2.2 第二阶段

(1) 确定大跨度空间结构体量并作建筑形体的组合设计，确定平面内主要流线和各功能区块间的相互关系，并表现简单立、剖面图的内容。

(2) 绘制二草。

2.2.3 第三阶段

(1) 完善平、立、剖面图，清晰表现各结构关系并绘制建筑透视草图。

(2) 设计说明和相应经济指标核算。

2.2.4 第四阶段

绘制正图(一律手绘)。表现手法以钢笔淡彩或水粉、彩铅、马克笔为主，并要求字体端正、图纸粗细有别。

2.3 参观调研提要

1) 对已参观的建筑有何评价，所处城市区位——选址是否合理？

2) 与周边建筑环境是否协调？所调研汽车站规模有多大，日发送人次、车次分别为多少？

3）总平面布局中进、出口的设置方式如何？

4）站前广场的人、车流如何组织？

5）旅客流线（即客流）、车流、行包流线等的组织方式如何？

6）候车厅的空间布局，以及与售票厅、行包托运处之间的关系如何？

7）建筑内的净高有多少？候车厅内大跨度结构与周围建筑结构关系作何过渡？

8）大体量建筑外立面如何表现？作何评价？

9）有效车位以及站内停车场如何布局？

10）至少画出总平面、各层平面、透视草图两组并做比较分析。

2.4 参考书目

1)《建筑设计资料集》第6集　中国建筑工业出版社 1994

2)《汽车客运站建筑设计》　章竟屋编著　中国建筑工业出版社 2000

3)《汽车客运站建筑设计规范》JGJ 60—99

4)《建筑设计防火规范》GBJ 16—87（2001年版）

5) 交通类建筑设计相关书籍

6)《建筑学报》、《时代建筑》等相关的专业杂志

3. 设计指导要点

汽车站建筑设计属功能相对复杂的交通类建筑，设计中人、车、货物三种流线的梳理是其功能处理的关键因素。在建筑体形设计时由于涉及部分大跨度结构的大体量问题，重点表现在如何协调各体量关系以及内容与形式的统一等。

3.1 总平面设计

1) 总平面布置应包括站前广场、站房、停车场、附属建筑、车辆进出口及绿化等内容。设计中注意流线简捷，避免旅客、车辆及行包流线的交叉，并注意处理好区内排水坡度，防止积水。

2) 汽车进站口、出站口规定：

• 一、二级汽车站进站口、出站口应分别独立设置，三、四级站宜分别设置；汽车进站口、出站口宽度均不应小于 4m。

• 汽车进站口、出站口与旅客主要出入口应设不小于 5m 的安全距离，并应有隔离措施。

• 汽车进站口、出站口距公园、学校、托幼建筑及人员密集场所的主要出入口距离不应小于 20m。

• 汽车进站口、出站口应保证驾驶员行车安全视距。

3) 汽车客运站站内道路应按人行道路、车行道路分别设置。双车道宽度不应小于 6m；单车道宽度不应小于 4m；主要人行道路宽度不应小于 2.5m。

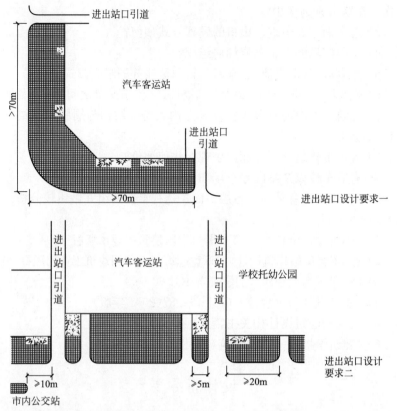

进出站口设计要求一

进出站口设计要求二

4) 站前广场应明确划分车流路线、客流路线、停车区域、活动区域及服务区域；旅客进出站路线应短捷流畅并应设残疾人通道。

3.2 建筑设计

单体建筑设计其平、立、剖面图相互间应该综合考虑。但对于交通类建筑，应该先从流线出发，安排好人、车、货三者流线。然后从建筑形体着手，以大跨度结构为主体构思出不同建筑形体的组合形体，并逐步深化各功能平面图，并作立面图与剖面图。

3.2.1 站房空间设计

汽车客运站的站房应由候车、售票、行包、业务及驻站、办公等用房组成。站房设计应做到功能分区明确，客流、货流安排合理，有利安全营运和方便使用。

(1) 候车厅

• 候车厅室内空间应符合采光、通风和卫生要求。采用自然通风时，室内净高不宜小于3.60m。

• 候车厅内应设检票口，每三个发车位不得少于一个。当检票口与站台有高差时，应设坡道，其坡度不得大于1/12。

• 一、二级站候车厅内宜设母婴候车室，母婴候车室应邻近站台并单独设检票口。

• 候车厅应充分利用天然采光，窗地面积比不应小于1/7。

- 候车厅应设置座椅，其排列方向应有利于旅客通向检票口，每排座椅不应大于20座，两端并应设不小于1.50m通道。
- 候车厅内应设饮水点；候车厅附近应设男女厕所及盥洗室。
- 问讯处位置应邻近旅客主要出入口，使用面积不应小于6m²，问讯处前应设不小于10m²的旅客活动场地。

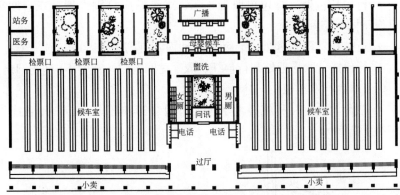

候车厅典型功能关系

（2）售票厅

- 售票厅除四级站可与候车厅合用外，其余应分别设置，其使用面积应按每个售票口15m²计算。
- 售票厅应设于地面层，不应兼作过厅。售票厅与行包托运处、候车厅等应联系方便，并单独设置出入口。
- 售票口设置应符合以下规定：售票窗口数应取旅客最高聚集人数除以120（注：120为每小时每个窗口可售票数）；窗口中距不应小于1.20m；靠墙窗口中心距墙边也不应小于1.20m；窗台高度不宜高于1.10m，窗台宽度不宜大于0.60m。
- 售票厅除满足天然采光及自然通风外，宜保留一定墙面，用于公布各业务事项。

通道区	排队区	售票室
3~4m	人工售票12~13m，微机售票8~9m	>4m

注：排队长度按每人0.45m计，队列按25人左右考虑

传统售票厅面积计算法

售票厅典型功能关系

(3) 售票室和票据库
- 售票室的使用面积按每个售票口不应小于 5m² 计算。
- 售票室室内地面至售票口窗台面不宜高于 0.80m。
- 一、二、三级站应设票据库，使用面积不应小于 9m²。

(4) 行包托运、提取和小件寄存处
- 行包托运处、行包提取处，一、二级站应分别设置；三、四级站可设于同一空间。
- 行包托、取受理处柜台面距离地面不宜高于 0.50m。
- 行包托、取受理处与行包托、取厅之间的门，宽度不应小于 1m。

(5) 站台和发车位
- 站台设计应有利旅客上下车、行包装卸和客车运转，站台净宽不应小于 2.50m。

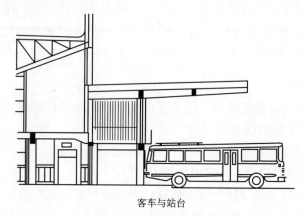

客车与站台

客车与站台位置关系

- 发车位为露天时，站台应设置雨篷，雨篷净高不得低于 5m。
- 站台雨篷承重柱设置，应符合以下规定：净距不应小于 3.50m；柱子与候车厅外墙净距不应小于 2.50m；柱子不得影响旅客交通、行包装卸和行车安全。
- 发车位地面设计应坡向外侧，坡度不应小于 5‰。

(6) 其他用房
- 问讯处应邻近旅客主要入口处，使用面积不宜小于 6m²，问讯处前应设不小于 8m² 的旅客活动场地。
- 无监控设备的广播室宜设在便于观察候车厅、站场、发车位的部位，使用面积不宜小于 6m²，并应有隔声措施。
- 调度室应邻近站场、发车位，应设外门。一、二级站的调度室使用面积不宜小于 20m²；三、四级站的使用面积不宜小于 10m²。
- 一、二级站应设医务室。医务室应邻近候车厅，其使用面积不应小于 10m²。

3.2.2 停车场空间设计

(1) 停车场的停车数大于 50 辆，其汽车疏散口不应少于两个；停车总数不超过 50 辆时可设一个疏散口。

(2) 停车场内的车辆宜分组停放，车辆停放的横向净距不应小于 0.80m，每组停车数量不宜超过 50 辆，组与组之间防火间距不应小于 6m。

(3) 发车位和停车区前的出车通道净宽不应小于 12m。

(4) 停车场的进、出站通道，单车道净宽不应小于 4m，双车道净宽不应小于 6m；因地形高差通道为坡道时，双车道则不应小于 7m。

(5) 停车场应合理布置洗车设施及检修台。通向洗车设施及检修台前的通道应保持不小于 10m 的直道。

(6) 停车场周边宜种植常绿乔木绿化环境及降低周边环境噪声。

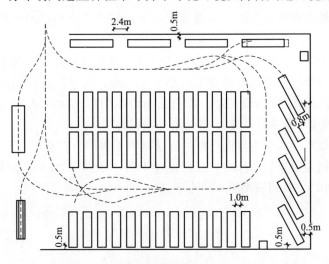

停车场布置示意图

3.2.3 造型设计

汽车站用地位于城市干道一侧，场地一东侧为一快速路，场地二南部毗邻城市干道。在造型设计时，一方面迎合主要人流方向，注意主要街道的可视界面的处理，另一方面是与周边建筑相协调并表现其交通建筑的标志性个性。建筑造型设计通常分为建筑形体和立面设计两部分。

(1) 形体设计

交通性建筑因其结构的局限性，体量一般较大，主体空间较明显。建筑形体处理时应根据建筑使用空间的不同大小进行不同的组合，做到主次分明、有机结合。

(2) 造型风格与立面设计

A. 造型风格

由于目前的题目暂不考虑周围建筑风格特征对其的影响，但对于交通类建筑，目前能看到的风格特征不太多，同学们可以根据自己所收集的国内或国外资料和喜好选择不同的建筑风格。

- 传统式建筑风格
- 完全现代建筑风格

- 后现代主义后各建筑风格

B. 立面设计

无论我们选择了哪种建筑风格，在立面设计中，还是要遵循一定的构图原理或形式美的基本规律。努力通过不同的墙体和其他构件进行"虚与实""凹与凸"等方面的对比，从而获得多样统一。

立面处理要注意消解大体量造成的尺度失真的问题，通过对材料搭配、立面开窗等细部的处理体现出交通类建筑应有的个性特征。同时画图时结合基本结构关系了解建筑间的搭接要求和细部构造节点的基本做法。

3.3 疏散设计

1）候车厅内安全出口不得少于两个，每个安全出口的平均疏散人数不应超过 250 人。

2）候车厅安全出口必须直接通向室外，室外通道净宽不得小于 3m。

3）候车厅安全出口净宽不得小于 1.40m，太平门应向疏散方向开启，严禁设锁，不得设门槛。如设踏步应距门线 1.40m 处起步；如设坡道，坡度不得大于 1/12，并应有防滑措施。

4）候车厅内带有导向栏杆的进站口均不得作为安全出口计算。

5）楼层设置候车厅时，疏散楼梯不得小于两个，疏散楼梯应直接通向室外，室外通道净宽不得小于 3m。

4. 参 考 图 录

1）黄山市汽车客运站

总建筑面积：4405m²

发车位：16 个

设计单位：黄山市建筑设计研究院

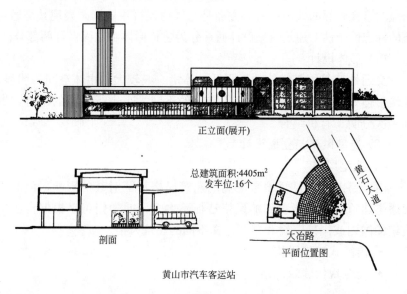

黄山市汽车客运站

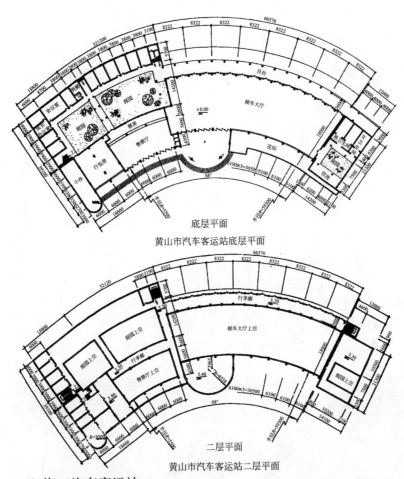

黄山市汽车客运站底层平面

黄山市汽车客运站二层平面

2) 海口汽车客运站

设计单位：海南省建筑设计研究院

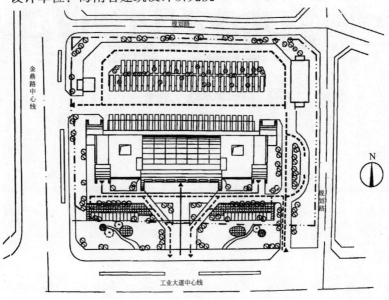

海口汽车客运站总平面

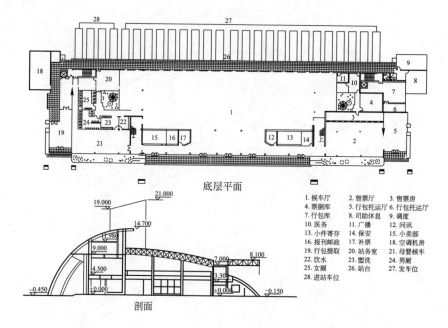

1. 候车厅　2. 售票厅　3. 售票房
4. 票据库　5. 行包托运厅　6. 行包托运厅
7. 行包库　8. 司助休息　9. 调度
10. 医务　11. 广播　12. 问讯
13. 小件寄存　14. 保安　15. 小卖部
16. 报刊邮政　17. 补票　18. 空调机房
19. 行包提取　20. 站务室　21. 母婴候车
22. 饮水　23. 盥洗　24. 男厕
25. 女厕　26. 站台　27. 发车位
28. 进站车位

海口汽车客运站底层平面和剖面图

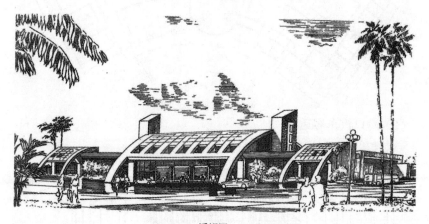

透视图
海口汽车客运站透视图

山地旅馆建筑设计指导任务书

1. 教学目的与要求

本课程设计为处于山地的小型旅馆设计。本次课程除进一步了解旅馆建筑的设计特点外,重点掌握山地建筑设计手法,包括建筑如何与地形适应,室外场地如何与原有地形结合,原有绿化、水体如何加以利用和保护,如何减少土石方与工程造价,如何形成山地建筑造型特色等。本次设计要求学生制作地形与建筑的工作模型,培养并提高学生对空间环境的思维能力。通过设计使学生能适当了解并掌握以下几点。

1) 通过小型旅馆建筑设计,理解与掌握具有综合功能要求的中小型公共建筑的设计方法与步骤。

2) 综合解决人、建筑、环境的关系,重点熟悉并解决建筑的竖向关系以及坡地建筑的设计特点。

3) 训练和培养学生建筑构思和空间组合的能力。

4) 综合考虑建筑与竖向地形相结合的布局方式。

2. 设计任务书与教学要求

2.1 设计任务书

2.1.1 设计任务

拟在某山地景区的山谷地带建一规模在 100～120 床位的山地旅馆,总用地面积约为 1.23ha,不包括环境景观中心的亭、廊、榭等园林建筑。

2.1.2 设计要求

(1) 充分考虑依山傍水的自然环境,融人工于自然,体现朴实、灵巧、活泼、丰富的建筑风格。建筑不允许破坏山溪景观的完整性,应尽量保留高大乔木。忌设计为城市旅馆模式。建筑层数不宜高,以四层以内为宜。

(2) 建筑控制线退红线要求:沿路退 6m,其余各边退 3m。建筑容积率不得大于 0.5,建筑密度不得大于 22%,绿地率不得小于 40%。

(3) 停车位要求:满足 3 辆大巴和 7～8 辆小汽车停车要求。

(4) 建筑要求：平面功能合理，流线清晰；空间构成流畅、自然；立面注意特色、造型新颖，具有地方特色；处理好建筑与山地环境的关系。

2.1.3 面积分配与要求

总建筑面积控制在 4600m² 内（按轴线计算，上下浮动不超过 5％）。

(1) 客房部分：（包括客房、服务、交通面积），总建筑面积 2100～2200m²，共 100～120 床。

• 客房部分：双床标准间使用面积 14～16m²，单床间使用面积 9～10m²。

单床客房　　15％～20％
双床客房　　80％
双套间客房　5％

每套客房应有单独卫生间，应配置有：

卫生设备：1.7m 以上浴盆、带梳妆台脸盆、坐式马桶，面积 3～3.5m²。(亦或淋浴房，0.9×0.9m²)

家具设备：每人一床、床头柜、茶几、沙发、电视等；双套间另增三人沙发。

• 服务部分：建筑面积 83～110m²。

服务台、值班室　　30～40m²
更衣室　　　　　　15～20m²
被服库　　　　　　15～20m²
储藏间　　　　　　15～20m²
卫生间　　　　　　4～5m²

包括清洁间，供工作人员用

服务部分按服务单元设置，一般每层一服务单元，管理客房以 30～50 间为宜。

(2) 公用部分：建筑面积 540～670m²。

• 门厅　　　　　　　　　　　100～120m²
• 休息、会客　　　　　　　　40～60m²
• 总服务台　　　　　　　　　20m²，包括服务台办公室
• 小型超市　　　　　　　　　30～40m²
• 银行、邮电(可与总台合并)　20～30m²
• 商务中心(传真、复印、打字等)25～30m²，可与邮电合设
• 冷饮、网吧、茶座、小酒吧　80～100m²，可单设或在大厅中
• 多功能大厅　120～1500m²，可做会场或餐厅，与厨房有联系
• 小件寄存　30m²，可与服务台合设，宜有一物品存放间
• 美容美发室　15～20m²
• 医务室　　　15～20m²

- 公共卫生间　　15～20m²
- 其他　　　　　60m²

(3) 餐饮部分：建筑面积1010～1100m²。
- 中餐厅　　　　150m²，可对外营业
- 西餐厅　　　　50m²
- 5～6间大小包间　80～100m²，应设卫生间
- 配餐间　　60m²，包括中餐、西餐、职工餐厅配餐间，应分设
- 咖啡厅和舞厅　150m²，可分设
- 酒吧间　　　　80m²
- 职工餐厅　　　100m²
- 中餐厨房　　　100m²
- 西餐厨房　　　30～50m²
- 咖啡厨房　　　15m²
- 职工厨房　　　50～60m²
- 储藏冷库　　　20m²
- 库房　　　　　50～60m²，靠近厨房及货运入口，分2～3间
- 职工休息室　　20～30m²
- 管理室　　　　15～20m²
- 更衣室　　　　20～30m²，男女分设

(4) 行政部分：建筑面积250～350m²。
- 经理室　　　　30～40m²，2间，分正副经理
- 财务室　　　　15m²，1间
- 管理办公室　　60m²，可为大房间或分2～3间
- 小会议室　　　45m²
- 库房　　　　　40m²，可分2～3间或1大间
- 职工休息娱乐室　40m²
- 职工更衣室　　30m²，男女分设
- 卫生间　　　　20～30m²，男女分设
- 开水间　　　　15m²
- 职工医务室　　15～18m²
- 电话总机房　　30m²，2间

(5) 工程维修、机房、后勤部分：建筑面积250m²。
- 办公室　　20～30m²，2～3间
- 电梯机房
- 变配电室　40～60m²
- 卫生间　　20～30m²
- 洗衣房　　60m²

注：洗衣房可不设在主体建筑内，在总平面图上确定其位置即可。

2.1.4 图纸内容及要求

(1) 图纸内容
- 总平面图 1∶300～1∶500

(全面表达建筑与原有地段关系及周边道路状况,并绘出场地设计剖面1～2个)
- 首层平面 1∶100 或 1∶200(包括建筑周边绿地、庭院等外部环境设计)
- 其他各层平面,包括屋顶平面 1∶100 或 1∶200
- 立面 2～3 个 1∶100 或 1∶200
- 剖面 1～2 个 1∶100 或 1∶200
- 透视或鸟瞰图(外观透视图,不小于 40×40cm)
- 设计说明及技术经济指标

(2) 图纸要求
- A1 图幅出图(594mm×841mm)。每张图要有图名(或主题)、姓名、班级、指导教师。
- 图线粗细有别,运用合理;文字与数字书写工整。一律采用手工工具作图,并作一定的彩色渲染。
- 透视图表现手法用水粉、水彩自定,但作图要求细腻。

2.1.5 用地条件与说明

(1) 该用地位于福建武夷山区的天峪谷或假定为其他地区,总用地面积为 12339.5m^2。

(2) 用地位于天峪谷中段,西侧有旅游专线道路,沿路北上至山谷深处有十余个旅游度假村及众多的自然景观。路西侧约 50m 为天峪河,水面宽 10m,水流湍急,景色宜人。

(3) 用地为坡地,高程见下图。基地植被良好,多为杂生灌木,中有高大乔木,有良好的景观价值,应尽量予以保留。基地内有山溪穿过,终年长流,水质极佳。溪中多石,错落有致,溪水形成约 3m 高的瀑布,冲击成水潭,深约 1m。

(4) 旅游专线道路宽 12m,其中车行道 8m,两侧路肩各为 2m。

(5) 地形图见下页附图。

2.2 教学进度与要求

2.2.1 第一阶段

(1) 理论讲课——山地旅馆建筑的设计要求与要点,任务书的分析,并下达设计任务,课后收集有关资料,并做调研报告。

(2) 第一次徒手草图,做体块模型,进行多方案比较(2～3个)

2.2.2 第二阶段

(1) 修改一草,进行第二次草图设计,做工作模型并对建筑形体的组合设计,确定平、立、剖面图的关系。

(2) 绘制二草。

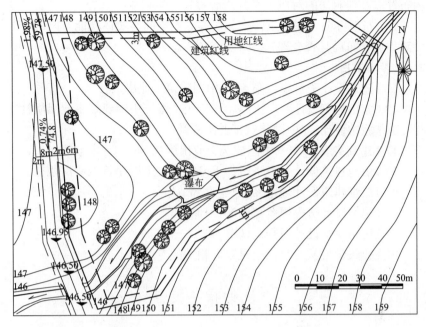

2.2.3 第三阶段

（1）完善平、立、剖面图，工作模型在原基础上进行推敲，并绘制建筑透视草图。

（2）设计说明。

2.2.4 第四阶段

绘制正图（一律手绘），附模型照片于图中。表现手法以水彩、水粉等方式自定，要求字体端正图纸粗细有别。

2.3 参观调研提要

1）景观旅馆的总平面布局与地形的关系如何？

2）不同坡度的山地的场地处理方式有哪些？

3）建筑的造型风格与环境是否协调？如果由你来设计，你会如何修改和设想？

4）旅馆的功能、流线是否合理、清晰？停车场的布置方式以及数量是如何确定的？

5）旅馆客房部分中客房套型分类、卫生间尺寸、客房及内部家具、卫浴设备的布置如何？分层服务台、开水间、被服间等的位置与客房的关系是否合理？

6）建筑内的净高有多少？走廊和客房净空有无区别？大梁、柱、楼板之间的关系是怎样的？了解吊顶空间内各种管道如何布置？

7）门厅空间多流线、多功能区域的组织如何分流？

8）商务中心、行李寄存的面积如何确定？休息厅、茶吧的布局方式以及与门厅的空间关系是否合理？

9）厨房的内部分区及操作流程如何？餐厅大、小空间及内部格局的布置以及与厨房的对应关系是否合理?

10) 行政办公、职工工作、起居等后勤空间与主体功能空间的布局关系如何?布局是否合理?

2.4 参考书目

1)《建筑设计资料集》第 4 集 中国建筑工业出版社
2)《旅馆建筑设计》唐玉恩、张皆正主编 中国建筑工业出版社
3)《旅馆设计》 中国建筑工业出版社
4)《建筑实录》1-4 中国建筑工业出版社
5)《山地建筑设计》卢济威、王海松著 中国建筑工业出版社
6)《旅馆建筑设计规范》 原建设部
7)《建筑设计防火规范》(2001 年版)
8)《民用建筑设计通则》(GB 50352—2005)
9)《建筑学报》、《时代建筑》等相关的专业杂志

3. 设计指导要点

山地旅馆区别于一般城市旅馆,它在解决复杂功能分区的基础上要兼顾山地场地的竖向设计。在建筑体形设计时尽可能地与场地环境相融合,并尽量减少对现有场地的改变和破坏。

3.1 总平面设计

1) 总平面布置应结合当地气候特征以及所处的具体地理环境,做到满足最好的朝向及相应的景观视线要求。

2) 主要出入口必须明显,并能引导旅客直接到达门厅。主要出入口应根据使用要求设置单车道或多车道。

3) 不论采用何种建筑形式,均应合理划分旅馆建筑的功能分区,组织各种出入口,使人流、货流、车流互不交叉。

4) 应根据所需停放车辆的车型及辆数在基地内或建筑物内设置停车空间。

5) 基地内应根据所处地点布置一定的绿化,做好绿化设计,并与与之相关的竖向设计相结合。

3.2 建筑设计

单体建筑设计其平、立、剖面图相结合,针对场地坡度的平缓程度与相应的功能分区和出入口设计综合考虑,布置旅馆的体量关系和平面功能分区。随着设计的不断深入,勾画出相应的平面图、立面图与剖面图。

3.2.1 客房部分空间设计

(1) 客房

• 根据需要选择客房类型,分为:套间、单床间、双床间(双人床间)、多床间等。

• 天然采光的客房间，其采光窗洞口面积与地面面积之比不应小于1/8。

• 跃层式客房内楼梯允许设置扇形踏步，距内缘0.25m处的宽度不应小于0.22m。

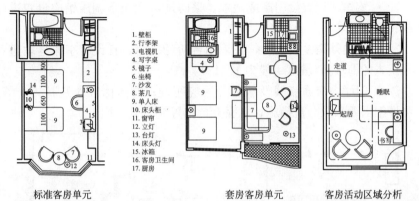

标准客房单元　　　　套房客房单元　　　客房活动区域分析

1. 壁柜　2. 行李架　3. 电视机　4. 写字桌　5. 镜子　6. 坐椅　7. 沙发　8. 茶几　9. 单人床　10. 床头柜　11. 窗帘　12. 立灯　13. 台灯　14. 床头灯　15. 冰箱　16. 客房卫生间　17. 厨房

(2) 卫生间

• 当卫生间无自然通风时，应采取有效的通风排气措施。

• 卫生间不应设在餐厅、厨房、食品贮藏、变配电室等有严格卫生要求或防潮要求用房的直接上层。

• 卫生间不应向客房或走道开窗；客房上下层直通的管道井，不应在卫生间内开设检修门。

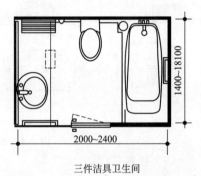

三件洁具卫生间

(3) 室内净高

• 客房居住部分净高度，当设空调时不应低于2.4m；不设空调时不应低于2.60m；利用坡屋顶内空间作为客房时，应至少有8m²面积的净高度不低于2.4m。

• 卫生间及客房内过道净高度不应低于2.1m。

• 客房层公共走道净高度不应低于2.1m。客房内走道宽度不低于1.1m。

(4) 客房层服务用房

• 服务用房宜设服务员工作间、贮藏间和开水间，可根据需要设置服务台。

• 客房层全部客房附设卫生间时，应设置服务人员厕所。

• 同楼层内的服务走道与客房层公共走道相连接处如有高差时，应采用坡度不大于1∶10的坡道。

(5) 门、阳台

• 客房入口门洞宽度不应小于0.9m，高度不应低于2.1m。

- 客房内卫生间门洞宽度不应小于0.75m，高度不应低于2.1m。
- 相邻客房之间的阳台不应连通。

3.2.2 公共部分空间设计

（1）门厅

- 旅馆入口宜设门廊或雨罩，采暖地区和全空调旅馆应设双道门或转门。
- 室内外高差较大时，在采用台阶的同时，宜设行李搬运坡道和残疾人轮椅坡道（坡度一般为1∶12）。
- 门厅内交通流线及服务分区应明确；对团体客人及其行李等，可根据需要采取分流措施；总服务台位置应明显。

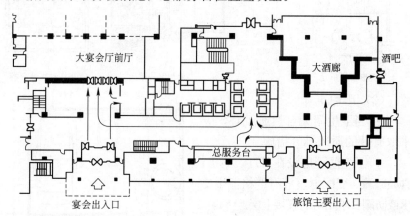

门厅人流示意图(北京香格里拉)

（2）旅客餐厅

- 餐厅分对内与对外营业两种。对外营业餐厅应有独立的对外出入口、衣帽间和卫生间。
- 餐饮空间不宜过大，80座左右规模为宜，最大不超过200座。
- 顾客入座路线和服务员服务路线应尽量避免重叠。服务路线不宜过长（最大不超过40m），并且尽量避免穿越其他用餐空间。大型多功能厅或宴会厅应设备餐廊。

（3）商店

- 商店的位置、出入口应考虑旅客的方便，并避免噪声对客房造成干扰。

3.2.3 辅助部分设计

（1）厨房

- 厨房应包括有关的加工间、制作间、备餐间、库房及厨工服务用房等。
- 厨房的位置应与餐厅联系方便，并避免厨房的噪声、油烟、气味及食品储运对公共区和客房区造成干扰。
- 厨房平面设计应符合加工流程，避免往返交错，符合卫生防疫要求，防止生食与熟食混杂等情况发生。

• 厨房净高（梁底高度）不低于2.8m，隔墙不低于2m；对外通道上的门宽不小于1.1m，高度不低于2.2m；其他分隔门，宽不小于0.9m；厨房内部通道不得小于1m。通道上应避免设台阶。

• 在厨房适当位置设置职工洗手间、更衣室及厨师长办公室。

• 厨房与餐厅连接，尽量做到出入口分设，使送菜与收盘分道，并避免气味窜入餐厅。

（2）职工用房

• 职工用房包括行政办公、职工食堂、更衣室、浴室、厕所、医务室、自行车存放处等项目，应根据旅馆的实际需要设置。

• 职工用房的位置及出入口应避免职工人流路线与旅客人流路线互相交叉。

（3）设备用房

• 旅馆应根据需要设置有关给水排水、空调、冷冻、锅炉、热力、煤气、备用发电、变配电、防灾中心等机房，并应根据需要设机修、木工、电工等维修用房。

3.2.4 山地竖向设计

在场地设计中，对于存在一定坡度的自然地形来讲，平坡（0.3%～5%）场地较为理想；缓坡（5%～10%）场地要错落；中坡（10%～25%）场地要台地，填挖土方量较大；陡坡（25%～100%）场地不宜建设。且设计时要注意不同位置场地的小气候特点和日照特点，看是否有遮挡。

针对本地块来讲，从场地分析入手是一个比较切实可行的方法。除此之外，不同山地建筑的接地形态表达了山地建筑克服地形障碍获取使用空间的不同形态模式。接地状态的不同，决定了山地建筑对地表的改动程度及其本身的结构形式。设计中根据地形选择不同的接地形态，亦是思考建筑结合地形布局的关键因素。根据建筑底面与山体地表的不同关系，山地建筑的接地方式可分为地下式、地表式和架空式三大类。见下表。

（1）地下式

采用"地下式"接地形态的山地建筑，其形体位于地表以内，对于山地地表的破坏相对减少。有利于保护地形和自然植被，但在此设计中因房间通风、采光不理想，建议慎用。

（2）地表式

采用"地表式"接地形态的山地建筑，其主要特征是建筑底面与山体地表直接发生接触。为了减少倾斜地形的改变，可以对地形做较小的修整，采取提高勒脚的手法，让建筑与倾斜的地面直接接触；也可以使建筑形成错层、跌落或错叠的形式与地表接触。

除此之外，较常见的台地式建筑，是以平地建筑的手法对待山坡基地，建筑形式与平地建筑处理方式相似，这里不再提及。

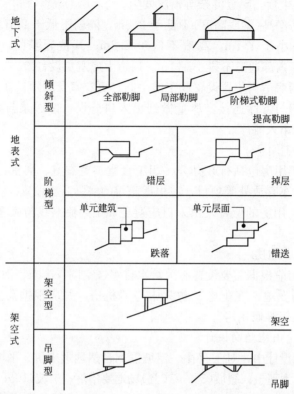

A. 倾斜型

在山体坡度较缓，局部变化多、地面崎岖不平的山地环境中，将房屋的勒脚提高到一定高度，是一种简捷、有效的处理手法。

B. 阶梯型

• 错层。在地形较陡的山地环境中，为减少土方量，在同一建筑内部形成不同标高的底面称之为错层。错层的实现主要依靠楼梯的设置和组织，这样既满足地形的要求，也丰富了建筑空间。错层适应山地坡度10%～30%的地形。

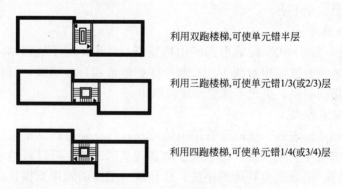

利用楼梯间形成错层布局示意图

• 掉层。山地地形高差悬殊，建筑内部的接地面高差达到一层或以上时，形成掉层。掉层适应应山地坡度30%～60%的地形，其形式有纵向掉层、横向掉层和局部掉层三种。建筑布置垂直于等高线，即出现纵向掉层。纵向掉层跨越等高线较多，则底部常以阶梯的形式顺势掉落，为保证掉层部分的采光和通风，适应于面东或面西的山坡。

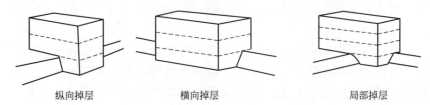

纵向掉层　　　　　横向掉层　　　　　局部掉层

横向掉层的建筑，多沿等高线布置，其掉层部分只有一面可以开窗，则建筑采光和通风多受影响；局部掉层的建筑因其平面布置和使用上都较特殊，则一般在复杂的地形或建筑形体多变时采用。

• 跌落式。单元式建筑顺势跌落，成阶梯状的布置方式。由于以单元为单位跌落，其平面一般不受影响，所以布置方式较为自由。此种方式通常在居住建筑中运用较多。

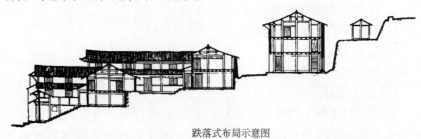

跌落式布局示意图

• 错叠（台地）式。错叠与跌落式相似，也由建筑单元组合，通常建在单坡基地上。主要形式是建筑单元沿山坡重叠建造，下单元的屋顶成为上单元的平台。由于外形是规则的踏步状，也称之为台阶式。错叠式较适合住宅和旅馆等山地建筑，设计时可通过对单元进深和阳台大小的调节来适应不同坡地地形。错叠式建筑设计应注意视线干扰问题，特别是居住建筑。为了阻止视线，通常将上层平台的栏杆做成具有一定宽度的花台，避免正常情况下上下层的对视。

错叠式布局示意图

C. 架空式

采用"架空式"形式的山地建筑，其底面与基地完全或局部脱开，以柱子或建筑局部支撑建筑的荷载，对于地形采取避让的方式，在此不多涉及。

3.2.5 造型设计

旅馆用地为某自然景区内一山地地块，基地有一定坡度，且内部有一溪水通过，这给建筑造型与立面设计提供了良好的环境条件。建筑造型设计通常分为建筑形体和立面设计两部分。

(1) 形体设计

为与周围山地相结合，整体体量不宜过大。该建筑形体可结合高差并根据建筑各使用功能间相互关系先做体块间的组合，并注意高低起伏有序，前后错落有致。公共空间由于其使用的交叉性，多以集中式为主；客房空间则可集中可分散式，但与整体建筑体量相协调，做到主从统一、条理清晰。

(2) 造型风格与立面设计

A. 造型风格

由于目前的题目暂不考虑周围建筑风格特征对其的影响。同学们可以根据自己所收集的资料和喜好选择不同的建筑风格。

- 中国古典园林建筑风格
- 西洋古典园林建筑风格
- 先锋派建筑风格
- 完全现代式建筑风格

B. 立面设计

无论我们选择了哪种建筑风格，在立面设计中，还是希望遵循一定的构图原理或形式美的基本规律。努力通过不同的墙体和其他构件进行"虚与实"、"凹与凸"等方面的对比，从而获得多样统一。

同时在做立面时注意建筑材料的搭配，不同的风格体现很大程度上取决于建筑色彩和不同材料的巧妙运用。画图时结合基本结构关系了解建筑间的搭接要求和细部构造节点的基本做法。

3.3 防火与疏散设计

1) 安全疏散距离

旅馆建筑的安全疏散距离，应符合下列要求：

- 直接通向公共走道的房间门至最近的外部出口或封闭楼梯间的距离，应符合下表的要求。

房门至外部出口或封闭楼梯间的最大距离(m)					
位于两个外部出口或楼梯间之间的房间 耐火等级			位于袋型走道两侧或尽端的房间 耐火等级		
一、二级	三级	四级	一、二级	三级	四级
40	35	25	22	20	15

注：1. 敞开式外廊建筑的房间门至外部出口或楼梯间的最大距离可按本表增加5.00m。
2. 设有自动喷水灭火系统时，其安全疏散距离可按本表规定增加25%。

- 房间的门至最近的非封闭楼梯间的距离，如房间位于两个楼梯间之间时，应按上表减少5.00m；如房间位于袋形走道或尽端时，应按上表减少 2.00m。

• 楼梯间的首层应设置直接对外的出口，当层数不超过四层时，可将对外出口设置在离楼梯间不超过 15m 处。

• 不论采用何种形式的楼梯间，房间内最远一点到房门的距离，不应超过上表中规定的袋形走道两侧或尽端的房间从房门到外部出口或楼梯间的最大距离。

• 疏散走道和楼梯的最小宽度不应小于 1.1m。

2）安全出口个数及防火要求

旅馆等公共建筑的安全出口的数目不应少于两个，但符合下列要求的可设一个：

• 一个房间的面积不超过 $60m^2$，且人数不超过 50 人时，可设一个门；位于走道尽端的房间内由最远一点到房门口的直线距离不超过 14m，且人数不超过 80 人时，也可设一个向外开启的门，但门的净宽不应小于 1.40m。

• 二层或三层的建筑符合下表要求时，可设一个疏散楼梯。

耐火等级	层数	每层最大建筑面积(m^2)	人数
一、二级	二、三层	500	第二层和第三层人数之和不超过 100 人
三级	二、三层	200	第二层和第三层人数之和不超过 50 人
四级	二层	200	第二层人数之和不超过 30 人

• 歌舞娱乐放映游艺场所的疏散出口不应少于 2 个，当其建筑面积不大于 $50m^2$ 时，可设置 1 个疏散出口。其疏散出口总宽度，应根据其通过人数按不小于 1.0m/百人计算确定。

• 设有不少于 2 个疏散楼梯的一、二级耐火等级的公共建筑，如顶层局部升高时，其高出部分的层数不超过两层，每层面积不超过 $200m^2$，人数之和不超过 50 人时，可设一个楼梯，但应另设一个直通平屋面的安全出口。

• 建筑中的安全出口或疏散出口应分散布置。建筑中相邻 2 个安全出口或疏散出口最近边缘之间的水平距离不应小于 5.0m。疏散楼梯间在各层的平面位置不应改变。

• 公共建筑的室内疏散楼梯宜设置楼梯间。设有空气调节系统的多层旅馆和超过五层的其他公共建筑的室内疏散楼梯均应设置封闭楼梯间（包括底层扩大封闭楼梯间）。

• 设有歌舞娱乐放映游艺场所且超过 3 层的地上建筑，应设置封闭楼梯间。

4. 参考图录

福建崇安武夷山庄
建造年代：1983年
设计单位：东南大学和福建省建筑设计院合作
主楼建筑面积：3641m²
客房数：32间
层数：2层

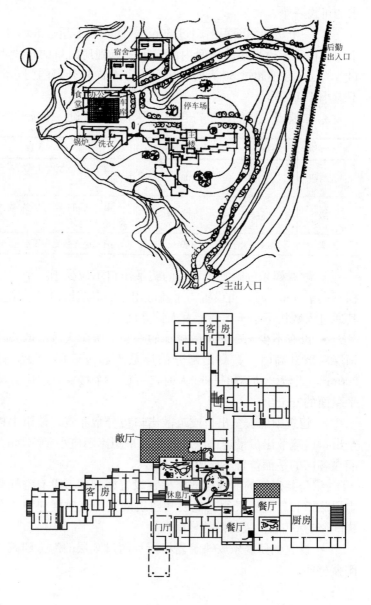

底层平面图

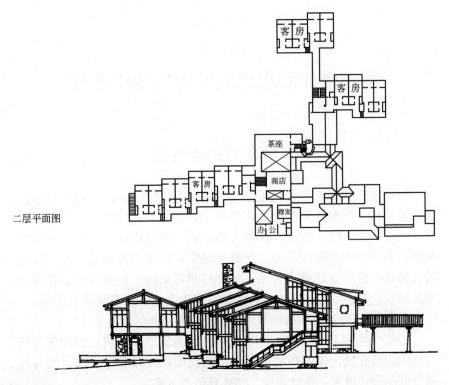

二层平面图

东立面图

城市快捷酒店建筑设计指导任务书

1. 教学目的与要求

快捷酒店是相对于传统的全面服务酒店而存在的一种酒店业态。其功能简化,把服务重点集中在住宿上,把餐饮、购物、娱乐功能大大压缩、简化,投入的运营成本大幅降低。城市快捷酒店以大众观光旅游者和中小商务旅行者为主要服务对象,以客房为核心产品,以加盟或特许经营等经营模式为主,是价格相对低廉、服务规范、性价比较高的现代酒店业态。通过设计使学生能适当了解并掌握以下几点。

1)了解城市快捷酒店的基本特点及内部空间组成要求。

2)学习并掌握旅馆建筑平面空间组合的方法,有机处理建筑与环境之间以及建筑内部的功能流线和交通流线,合理处理内部空间与外部空间的衔接过渡、单体建筑与整体环境的关系。

3)学习并掌握旅馆建筑的功能要求、结构要求、消防要求等;建立建筑、技术、构造等基本概念。

4)结合酒店品牌商业要求进行建筑立面设计,在城市中创造个性强、可识别性强的建筑形象。

2. 设计任务书与教学要求

2.1 设计任务书

2.1.1 设计任务

拟在南方某中等城市新建一快捷酒店。可以是品牌连锁酒店,也可以自行拟定酒店名称及特色。

2.1.2 设计要求

(1)总平面应处理好人流、车流与城市道路之间的关系,既要突出建筑主要出入口,吸引人流,同时组织好车辆出入及临时停放,避免拥堵,尽量减少对城市道路交通的干扰。

(2)建筑立面造型应与该快捷酒店品牌视觉形象相匹配,尤其是在建筑色彩选用、主入口立面设计等方面能够与品牌形象有机结合,创造可识别性强的建筑形象。

2.1.3 面积分配与要求

总建筑面积控制在 $4000m^2$(按轴线计算,上下浮动不超过5%)。

(1) 客房部分
- 双床间　　70 间
- 套间　　　5 间
- 客房各层设置服务员工作间、贮藏间及服务人员卫生间，每个服务单元面积约为 30m²。

(2) 公共部分
- 门厅　　　100m²（含前台、休息区）
- 商务中心　30m²
- 小会议室　30m²×2
- 大会议室　80m²
- 便利超市　60m²（可选设置）
- 书吧　　　80m²（可选设置）
- 棋牌室　　15m²×4（可选设置）

(3) 餐饮部分
- 中餐厅　　　200m²（含 2~3 小包间）
- 西餐咖啡厅　200m²
- 厨房　　　　300m²

(4) 行政管理用房
- 管理办公室　　　　　100m²×4
- 男女更衣室/淋浴室　　60m²
- 员工餐厅　　　　　　50m²
- 库房　　　　　　　　50m²×2

(5) 其他
包括水平、垂直交通面积、公共休息空间、卫生间及其他必要的辅助空间。（具体设备用房另设，本次设计中不予考虑）

2.1.4　图纸内容及要求

(1) 图纸内容
- 总平面图 1:500~1000（全面表达建筑与原有地段的关系以及周边道路状况）。
- 各层平面图 1:200
- 立面图（2~3 个）1:200
- 剖面图（1~2 个）1:200
- 彩色效果图（1 个）

(2) 图纸要求
- 电脑绘制
- A1 图幅出图（594mm×841mm）。
- 横竖构图不限，但要求进行一定的版面设计。

2.1.5　用地条件与说明

(1) 该用地位于城市闹市区，建筑密度及人流量均较大。

(2) 用地南侧为城市公共停车场，可以为本项目提供较为充裕的停车。停车场南面为一条城市主干道，宽32m，车流量大，人流集中。

(3) 用地北侧为城市次要道路，宽7m，道路对面为多层住宅。

(4) 用地东侧为高层城市道路，宽9m，道路对面偏北方位为综合写字楼，偏南方位为四星级酒店，均为高层。

(5) 用地西侧为单位办公楼，五层高，入口方向在西面。

(6) 地形图见附图。

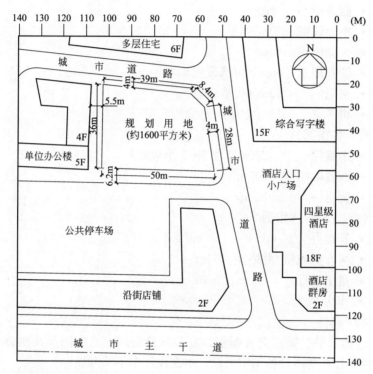

2.2 教学进度与要求

2.2.1 第一阶段

(1) 理论讲课——旅馆建筑的设计要求与要点，任务书的分析、并下达设计任务，课后进行参观调研。

(2) 进行设计构思。

(3) 分析地形并确定总图布局。绘制一草。

2.2.2 第二阶段

(1) 建筑形体的组合设计，确定平、立、剖面图的关系。

(2) 绘制二草。讲评。

2.2.3 第三阶段

(1) 完善平、立、剖面图。

(2) 绘制电脑效果图。

2.2.4 第四阶段

电脑绘制正图。运用 AUTOCAD、3DMAX、PHTOTOSHOP 等

软件完成整套建筑方案设计图纸。

2.3 参观调研提要

1) 该快捷酒店是否属于品牌连锁店？该品牌主要客户群及品牌形象定位如何？
2) 该品牌视觉形象设计是怎样的？建筑及装修时使用的主要色调、LOGO、店面设计分别是怎样的？
3) 总平面有几个出入口？分别在什么地方？场地内有几个停车位？附近是否还有公共停车场？
4) 除了客房部分以外，酒店还设置有哪些公共服务功能？使用状况如何？
5) 主要建筑立面是否设阳台？窗户是否有特定装饰？
6) 建筑内的净高有多少？层高有多少？
7) 建筑设置有几部电梯？楼梯间的位置容易找吗？

2.4 参考书目

1) 唐玉恩，张皆正 主编．旅馆建筑设计．北京：中国建筑工业出版社，1996
2) 吕宁兴，徐怡静 主编．旅馆建筑．武汉：武汉工业大学出版社，2002
3) 建筑设计资料集（第二版）·4．．北京：中国建筑工业出版社，1994
4) 旅馆建筑设计规范 JGJ 62—90
5) 建筑学报、世界建筑、建筑师等杂志中有关旅馆建筑设计文章及实例

3. 设计指导要点

快捷酒店的概念产生于上世纪 80 年代的美国。其特点是功能简化，把服务功能集中在住宿上，力求在该核心服务上精益求精，而把餐饮、购物、娱乐功能大大压缩、简化、甚至不设，投入的运营成本大幅降低。

快捷酒店是相对于传统的全面服务酒店而存在的一种酒店业态，以大众观光旅游者和中小商务旅行者为主要服务对象，以客房为唯一产品或核心产品，以加盟或特许经营等经营模式为主，价格低廉（一般在 300 元人民币以下）、服务规范、性价比高的现代酒店业态。特别是连锁的品牌快捷酒店，在市场竞争力，知名度，统一化管理，客源等多方面有着明显的优势。

3.1 总平面设计

总平面设计基本要求详见"山地旅馆设计指导要点"相关内容。
城市快捷酒店由于用地相对紧张，对城市道路的影响难以避免，

总平面设计时需要特别注意出入口选择与流线的组织。关于基地机动车出入口位置与城市道路关系的要求如下：

1) 与大中城市主干道交叉口的距离，自道路红线交叉点量起不应小于70m；

2) 与人行横道线、人行过街天桥、人行地道（包括引道、引桥）的最边缘线不应小于5m；

3) 距地铁出人口、公共交通站台边缘不应小于15m；

4) 距公园、学校、儿童及残疾人使用建筑的出入口不应小于20m；

5) 当基地道路坡度大于8%时，应设缓冲段与城市道路连接；

6) 与立体交叉口的距离或其他特殊情况，应符合当地城市规划行政主管部门的规定。

3.2 建筑设计

建筑设计基本要求详见"山地旅馆设计指导要点"相关内容。

在建筑造型处理方面，除了满足建筑形式美的基本原则以外，城市快捷酒店应该更多考虑到烘托商业气氛，使酒店形象在纷繁复杂的城市立面中独树一帜。如果定位为品牌连锁快捷酒店，应充分结合品牌文化形象，运用品牌具有标志性的色彩、符号、标志等，突出立面特别是入口立面的建筑形象。如果定位为非连锁性特色快捷酒店，在建筑设计之初首先对其商业形象的特色进行选定，然后围绕商业形象进行建筑设计，以达到突出个性特征的目的。

4. 参考图录

名古屋世纪饭店，日本，建筑师：小田急旅馆设计室。

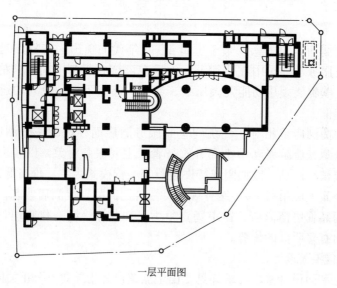

一层平面图

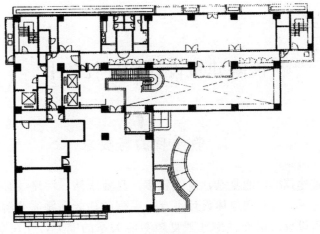

二层平面图

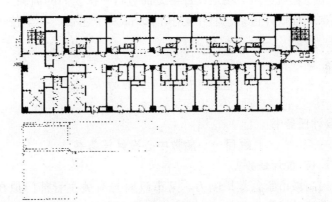

标准层平面图

医院建筑设计指导任务书

1. 教学目的与要求

医院建筑的功能复杂，流线较多，且要求洁、污流线必须严格分开，从总平面布局到单体设计都有一系列的功能问题需要解决。通过本次课程设计，培养学生处理复杂功能关系的能力，并在空间组合、结构选型、建筑造型、场地设计等方面进行一次全面的训练。

本次课程设计包括急救中心和门诊部两个题目，各学校可根据情况任选一个。

2. 课程设计任务与要求

2.1 设计任务书

题目一 急救中心设计任务书

2.1.1 设计任务

为提高城市紧急救护能力，某市政府与有关主管部门拟在地处市中心地带的一块平整场地上（场地古树需保留），新建 400 急诊抢救人次/24 小时的急救中心，总建筑面积约为 3600m²（允许 5%～10% 的面积浮动，交通廊面积计算在内），用地面积约 11620m²。基地详见附图一。

2.1.2 设计要求

• 总平面综合解决分区、出入口、残疾人坡道、停车场、绿化、道路、日照、消防等问题。

• 平面布局要求功能分区明确，人流避免交叉，做到合理、有效、便捷。

• 综合考虑医院建筑在安全和卫生方面的特殊要求。

2.1.3 面积分配与要求

（1）急诊部：分急诊科室和医技科室。各项内容及使用面积如下：

• 急诊科室

内科	4 间×16m²/间
外科	4 间×16m²/间
眼科	1 间×16m²/间
五官科	1 间×16m²/间

- 医技科室

A、B超室　　　　　2间×16m²/间
X光透视、拍片　　 1间×24m²/间
暗室　　　　　　　1间×16m²/间
心电图室　　　　　1间×16m²/间
化验室　　　　　　2间×16m²/间

（2）救护部：分抢救室、监护室（复原室）、治疗室、观察室、输液室、附属用房等。各项内容及使用面积如下，

- 抢救室

内科　　3间×16m²/间
外科　　3间×16m²/间
眼科　　1间×16m²/间
五官科　1间×16m²/间

- 监护室、复原室

六床室　　2间（6×6m²/间）
三床室　　4间（3.6×6m²/间）
单床室　　2间（3.6×3.9m²/间）

- 治疗室　　4间×16m²/间

- 观察室

六床室　2间（6×6m²/间）
三床室　2间（3.6×6m²/间）
单床室　2间（3.6×3.9m²/间）

- 输液室

六床室　3间（6×6m²/间）
三床室　3间（3.6×6m²/间）
单床室　3间（3.6×3.9m²/间）

- 附属用房

医生办公室　2间×12m²/间
护士办公室　2间×12m²/间
值班更衣室　2间×12m²/间
仪器室　　　1间×12m²/间
计算机室　　1间×12m²/间
化验室　　　1间×12m²/间

污洗、盥洗、浴厕等自定。

（3）手术部

特大手术室　　　　　　1间（7.2×9m²/间）
大手术室　　　　　　　3间（6×6m²/间）
小手术室　　　　　　　6间（4.2×6m²/间）
洗手室　　　　　　　　6间×13m²/间

敷料室	2间×24m²/间
器械室	1间×20m²/间
贵重仪器室	2间×12m²/间
消毒间	1间×16m²/间
麻醉办公室	1间×24m²/间
麻醉器械室	1间×24m²/间
石膏房	1间×24m²/间
整理间	1间×16m²/间
污桶间	1间×16m²/间
盐水室	1间×12m²/间
储藏室	2间×16m²/间
护士办公室	1间×16m²/间
男女更衣浴厕（卫生通过）	2间×36m²/间
家属接待室	1间×36m²/间
值班室	2间×12m²/间

(4) 其他

挂号、收费室	1间×16m²/间
注射室	1间×24m²/间
药房	1间×24m²/间

门厅、走道、储藏室、卫生间等自定。

题目二 医院门诊部设计任务书

2.1.4 设计任务

为改善医疗条件、为居民提供方便，拟在中国南方某城市建造一400人次门诊部，总建筑面积约为3000m²，（允许5%~10%的面积浮动，交通廊面积计算在内）。用地位于该城市某一居住区内，南临城市道路，西临居住区道路，其余两面为绿地，地势平坦。基地见附图二。

2.1.5 设计要求

• 总平面综合解决功能分区、出入口、残疾人坡道、停车场、绿化、道路、日照、消防等问题。

• 平面设计由公共部分、内科、外科、皮肤科、妇产科、五官科、儿科、理疗科、急诊科、办公区等组成。要求功能分区明确，科室布置合理，人流避免往返交叉。

• 综合考虑医院建筑在安全和卫生方面的特殊要求。

2.1.6 面积分配与要求

1) 公用部分，各项内容及面积如下：

主门厅	1间×120m²/间
挂号、缴费室	1间×18m²/间
病历室	1间×18m²/间
门诊办公室	1间×12m²/间

候诊室　　　　　　　100m²
接待室　　　　　　　1间×18m²/间
公用卫生间　　　　　4间×12m²/间
杂用室　　　　　　　1间×12m²/间
保健室　　　　　　　1间×12m²/间
中药室(带划价)　　　1间×24m²/间
西药室(带划价)　　　1间×20m²/间
门诊化验室　　　　　1间×24m²/间
注射室　　　　　　　1间×24m²/间

2) 门诊、医技各科室，面积分配如下：
- 内科

诊查室(包括中医)　　4间×16m²/间
治疗室　　　　　　　1间×16m²/间
注射室(包括针灸)　　2间×16m²/间
- 皮肤科

诊查室　1间×16m²/间
治疗室　1间×16m²/间
- 儿科

预诊室　　　　　　　2间×16m²/间
挂号及取药室　　　　1间×12m²/间
候诊室　　　　　　　1间×24m²/间
治疗室　　　　　　　2间×16m²/间
专用卫生间　　　　　2间×6m²/间
- 功能检查

心电图室　　1间×16m²/间
超声波室　　1间×16m²/间
基础代谢室　1间×16m²/间
- 理疗科

光疗室　1间×24m²/间
电疗室　1间×24m²/间
激光室　1间×12m²/间
- 放射科

X光室1　　　1间×24m²/间
X光室2　　　1间×36m²/间
暗室　　　　1间×16m²/间
登记存片室　1间×16m²/间
读片室　　　1间×16m²/间
机修室　　　1间×16m²/间
值班室　　　1间×16m²/间

- 外科

  诊查室（包括中医）　3间×16m²/间
  治疗室　　　　　　　2间×16m²/间
  门诊手术室　　　　　1间×24m²/间
  换药室　　　　　　　1间×16m²/间
  准备及消毒室　　　　1间×16m²/间

- 妇产科

  产科门诊　　1间×16m²/间
  妇科门诊　　2间×16m²/间
  妇科治疗室　2间×16m²/间
  专用卫生间　1间×12m²/间
  妇产手术室　1间×24m²/间

- 五官科

  眼科诊室　　　1间×24m²/间
  眼科暗室　　　1间×16m²/间
  耳鼻喉科诊室　1间×16m²/间
  口腔检查室　　1间×24m²/间
  镶牙补牙室　　1间×16m²/间
  技工室　　　　1间×16m²/间

- 传染科

  肠道门诊　1间×16m²/间
  肝炎门诊　1间×16m²/间

- 急诊部

  诊查室　　　2间×16m²/间
  治疗室　　　2间×16m²/间
  值班室　　　1间×12m²/间
  观察室　　　2间×12m²/间
  抢救室　　　1间×24m²/间
  专用卫生间　1间×6m²/间

3) 行政办公及其他房间面积分配如下：

- 行政办公

  宿舍或办公室　10间×16m²/间
  会议室　　　　1间×48m²/间

- 其他

电梯　每层2部

2.1.7 图纸内容及要求

1) 图纸内容

- 总平面图 1∶500，需要细化周围环境设计
- 各层平面 1∶100～1∶200

底层各出入口要画出踏步、花池、台阶等。
确定门窗位置、大小及开启方向。
楼梯按比例画出梯段、平台、踏步，并标出上下箭头。
一层标注剖切线和指北针。
注图名、房间名称和比例。
- 立面两个 1∶100～1∶200
- 剖面一个 1∶100～1∶200

标注各层标高，室内外标高。
注图名和比例。
- 透视或鸟瞰图。
- 设计说明及技术经济指标

2) 图纸要求
- 图纸统一用 A1，工具线条手工绘制。
- 透视或鸟瞰图表现手法用水粉、水彩自定。
- 每张图需标明图名(或主题)、姓名、班级、指导教师。

2.1.8 用地条件与说明

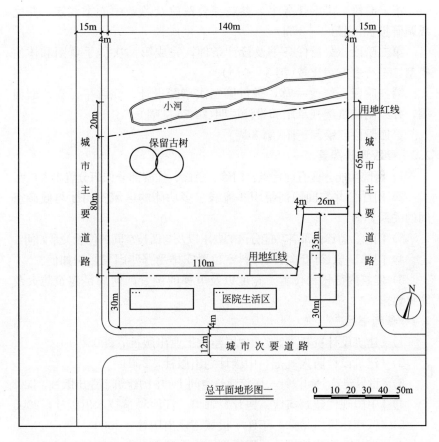

(图一急救中心地形图)

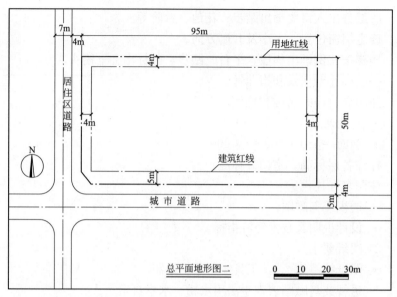

(图二医院门诊楼地形图)

2.2 教学进度与要求

第一阶段：讲解任务书，参观综合医院及急救中心类建筑，并完成调研报告。（第1、2周）

第二阶段：分析任务书及设计条件，完成第一次徒手草图和体块模型，进行多方案比较（第3、4周）。

第三阶段：修改一草，进行第二次草图设计，完善平、立、剖面图，并绘制建筑透视草图和设计说明（第5～7周）。

第四阶段：绘制正图（第8周）

2.3 参观调研提要

1）医院功能分区有何特点？门诊、急诊、住院部分如何分置出入口？

2）门厅公共空间如何组织多流线、多功能的区域？门厅与候诊空间的关系如何？

3）门诊、急诊内部各功能分区的要求以及与医技空间的位置关系如何？

4）门诊、急诊内部各医疗科室位置安排受哪些因素影响如何？

5）建筑内部楼梯位置、宽度以及电梯的设置如何满足建筑防火及防火要求？

2.4 参考书目

1）《建筑设计资料集》7　中国建筑工业出版社，2005

2）《建筑设计防火规范》中国计划出版社，2001

3）《世界建筑空间设计—医疗建筑空间1》中国建筑工业出版社，2003

4）《中国现代建筑集成：医疗》韩勇　江西科学技术出版社，2005

5）《医疗建筑作品选》丁建　机械工业出版社，2009

6）《现代医院建筑设计》罗运湖　中国建筑工业出版社，2010

7）《建筑学报》、《时代建筑》等相关的专业杂志

3. 设计指导要点

3.1 总平面设计

1) 医院功能分为三大区：医疗区（门诊部、急诊部、住院部）、医技区、后勤供应区。

2) 总平面设计应符合下列要求：
- 功能分区合理，洁污路线清楚，避免或减少交叉感染；
- 建筑布局紧凑，交通便捷，管理方便；
- 应保证住院部、手术部、功能检查室、内窥镜室、献血室、教学科研用房等处的环境安静；
- 病房楼应获得最佳朝向；
- 应留有发展或改、扩建余地；
- 应有完整的绿化规划；
- 对废弃物的处理，应作出妥善的安排，并应符合有关环境保护法令、法规的规定。

3) 医院出入口不应少于二处，人员出入口不应兼作尸体和废弃物出口。最好为三处，将供应出入口与污物出入口分开。设有传染病科者，必须设专用出入口，季发性传染病高峰时必须用此出入口。

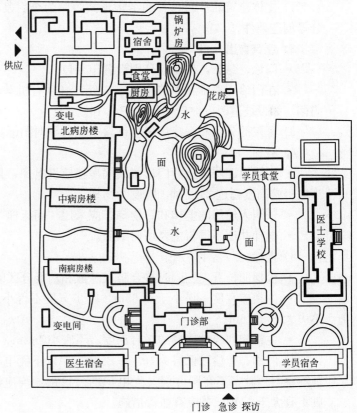

北京积水潭医院总平面

4）医疗、医技区应置于基地的主要中心位置，其中门诊部、急诊部应面对主要交通干道，在大门入口处。

5）门诊部、急诊部入口附近应设车辆停放场地。

6）后勤供应区用房应位于医院基地的下风向，与医疗区保持一定距离或路线互不交叉干扰，同时又应为医疗、医技区服务，联系方便。如营养厨房应靠近住院部，最好以廊道连接以便送饭；锅炉房应距采暖用房较近，以减少管道能耗；停尸房宜设在基地下风向，太平间、病理解剖室、焚毁炉应设于医院隐蔽处，并应与主体建筑有适当隔离。尸体运送路线应避免与出入院路线交叉。

7）环境设计

• 应充分利用地形、防护间距和其他空地布置绿化，并应有供病人康复活动的专用绿地。

• 应对绿化、装饰、建筑内外空间和色彩等作综合性处理。

• 在儿科用房及其入口附近，宜采取符合儿童生理和心理特点的环境设计。

8）病房的前后间距应满足日照要求，且不宜小于12m。

9）职工住宅不得建在医院基地内；如用地毗连时，必须分隔，另设出入口。

3.2 建筑设计

1）主体建筑的平面布置和结构形式，应为今后发展、改造和灵活分隔创造条件。

2）建筑物出入口

• 门诊、急诊，住院应分别设置出入口。

• 在门诊、急诊和住院主要入口处，必须有机动车停靠的平台及雨棚。如设坡道时，坡度不得大于1/10。

3）医院的分区和医疗用房应设置明显的导向图标。

4）电梯

• 四层及四层以上的门诊楼或病房楼应设电梯，且不得少于两台；当病房楼高度超过24m时，应设污物梯。

• 供病人使用的电梯和污物梯，应采用"病床梯"。

• 电梯井道不得与主要用房贴邻。

5）楼梯

• 楼梯的位置，应同时符合防火疏散和功能分区的要求。

• 主楼梯宽度不得小于1.65m，踏步宽度不得小于0.28m，高度不应大于0.16m。

• 主楼梯和疏散楼梯的平台深度，不宜小于2m。

6）门诊、急诊以低层为好。三层及三层以下无电梯的病房楼以及观察室与抢救室不在同一层又无电梯的急诊部，均应设置坡道，其坡度不宜大于1/10，并应有防滑措施。

7) 推行病床的室内走道,净宽不应小于 2.10m;有高差者必须用坡道相接,其坡度不宜大于 1/10。

8) 半数以上的病房,应获得良好日照。

9) 门诊、急诊和病房,应充分利用自然通风和天然采光。
   • 手术室、产房采光值为 1/7,也可不采用天然光线。
   • CT 和磁共振扫描室,X 光、钴 60、加速治疗室应为暗室。
   • 镜检室、解剖室、药库、药房配方室等不宜受阳光直射。

10) 不宜将门诊、急诊和病房、手术部、产房等用房设于地下室或半地下室,否则须有空调。

11) 室内净高在自然通风条件下,不应低于下列规定:
    • 诊查室 2.60m,病房 2.80m;
    • 医技科室根据需要而定。

12) 厕所
    • 病人使用的厕所隔间的平面尺寸,不应小于 1.10m×1.40m,门朝外开,门闩应能里外开启。
    • 病人使用的坐式大便器的坐圈宜采用"马蹄式",蹲式大便器采用"下卧式",大便器旁应装置"助立拉手"。
    • 厕所应设前室,并应设非手动开关的洗手盆。
    • 如采用室外厕所,宜用连廊与门诊、病房楼相接。

3.3 门诊用房建筑设计要点

1) 门诊部的出入口或门厅,应处理好挂号问讯、预检分诊、记账收费、取药等相互关系,使流程清楚,交通便捷,避免或减少交叉感染。

2) 门诊部应按各科诊疗程序合理组织病人流线,满足医学卫生与管理的要求。门诊部概括为三类用房:
   • 公共用房:门厅、挂号厅、廊、楼梯、厕所、候药。
   • 各科诊室与急诊诊室
   • 医技科室:药房、化验、X 光、机能诊断、注射等。

3) 门诊部各类病人流量大并带病菌,为避免交叉感染除设主要出入口外,尚应分设若干单独出入口。
   • 门诊主要出入口:内科、外科、五官科病人用。
   • 儿科出入口:儿科患儿抵抗力弱,并多受季节性传染病侵袭,故宜设单独出入口。
   • 产科、计划生育出入口:产妇与施人工流产者一般为健康者,有条件宜设单独出入口。
   • 急诊出入口:急救病人属危重患者,需紧急处理,并 24h 昼夜服务,故希望自成一系统,并设单独出入口。

4) 门诊部大部分科室宜设在一、二层,少数科室,如理疗、五官科、皮肤科可适当设在三、四层。

5）门、急诊科室应充分利用自然采光条件，诊室窗户不宜用茶色玻璃，人工照明应有利于对病人的观察与诊断。

6）候诊处
- 门诊应分科候诊，门诊量小的可合科候诊。
- 利用走道单侧候诊者，走道净宽不应小于2.10m，两侧候诊者，净宽不应小于2.70m。

7）诊察室
开间净尺寸不应小于2.40m，进深净尺寸不应小于3.60m。

8）内科
- 内科诊室宜设底层并靠近出入口，最好自成一尽端，不被他科穿行。
- 内科除诊察室外，还应设治疗室，做简单的处置；50%～70%的病人需要化验、X光检查，因此应与医技诊断部分联系方便。

9）外科
- 一般要求设门诊部底层，除诊室外，还应设外科换药室，并应注意消毒。
- 外科门诊手术室可与急诊手术室合用。大医院最好单设门诊手术室。

10）妇、产科和计划生育
- 应自成一区，设单独出入口。
- 产科病人行动不便，最好置底层或二层。为使产妇不受其他病菌感染，产科最好在尽端并有单独出入口。
- 妇科和产科的检查室和厕所，应分别设置。
- 计划生育可与产科合用检查室，并应增设手术室和休息室。各应有阻隔外界视线的措施。
- 妇、产科的诊察室中诊察床位应三面临空布置，应有布帘遮挡。

11）儿科
- 应自成一区，宜设在首层出入方便之处，并应设单独出入口。
- 入口应设预检处、并宜设挂号处和配药处。
- 候诊处面积每病儿不宜小于1.50m^2。
- 应设置仅供一病儿使用的隔离诊查室，并宜有单独对外出口。
- 应分设一般厕所和隔离厕所。

12）五官科

• 眼科诊室要求光线均匀柔和。眼科的暗室要求有完善的遮光措施和良好的通风措施。

• 耳鼻喉诊室布置分大统间小隔断的布置及小隔间布置两种，要求器械与病流分开。耳鼻喉科的听力测定室应有良好的隔声条件，最好有专门的测听室。

• 口腔科注意口腔综合治疗机的上下水管道安装问题。

13）传染科应自成一区，应设单独出入口、观察室、小化验室和厕所。宜设专用挂号、收费、取药处和医护人员更衣换鞋处。

14）门诊手术用房由手术室、准备室和更衣室组成；手术室平面尺寸不应小于 3.30m×4.80m。

15）厕所按日门诊量计算，男女病人比例一般为 6：4，男厕每 120 人设大便器 1 个，小便器 2 个；女厕每 75 人设大便器 1 个。

3.4 急诊用房建筑设计要点

1）急诊部应设在门诊部之近旁，并应有直通医院内部的联系通路。

2）门厅兼作分诊时，其面积不宜小于 24m²。

3）抢救室宜直通门厅，面积不应小于 24m²；门的净宽不应小于 1.10m。

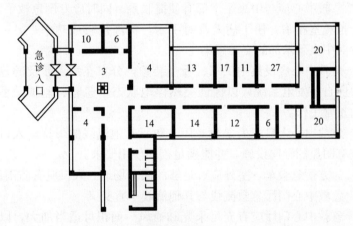

北京某医院急诊部

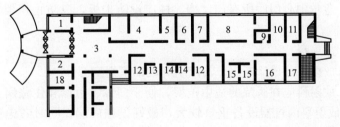

1. 挂号；2. 药房；3. 门厅；4. 抢救；5. ICU；6. 护士；7. 隔离；8. 输液；
9. 值班；10. 化验；11. 五官科；12. 治疗；13. 外科；14. 内科；15. 儿科；
16. 儿科输液；17. 妇产科；18. X光；19. 手术；20. 石膏

4）观察室
- 宜设抢救监护室。
- 平行排列的观察床净距不应小于1.20m，有吊帘分隔者不应小于1.40m，床沿与墙面净距不应小于1m。

5）急诊科
- 中小型医院急诊科应位于底层，形成独立单元，明显易找，避免与其他流线交叉。
- 入口设计应便于急救车出入。室外有足够的回车、停车场地。入口应有防雨设施，并应设坡道，便于推车、轮椅出入。
- 急诊科应设一定数量的观察床位。有条件的医院建议设少量急诊监护病床，以提高抢救成功率。
- 急诊科应设独立的挂号室及药房。与门诊合用时应单设窗口。

6）急救中心
- 急救中心分院前急救和院内急救两部分。院前急救以救护车为中心，负责病人的现场救护及安全运送；院内急救负责病人入院后的抢救、监护、康复等治疗。
- 急救中心应建在位置显著的地方，有便利的对外交通及通讯联系。
- 急救中心应与中央手术部有便捷联系。同时应专设急救手术室，位置与抢救室相临，便于病人及时手术，提高抢救成功率；另一方面可减少对中央手术部的交叉感染。
- 急救中心应设集中供氧、吸引装置，分布在病人涉及的各个部门。并应自备发电系统，以保证突然停电状态下急救、监护、手术等部门的正常工作。
- 急救中心入口应为急救专用，防止其他流线的干扰。入口及其附近应有明显的导向设施，并能满足夜间使用要求。
- 为方便急救车，室外应有足够的回车场地。入口应有防雨设施。
- 急救中心门厅急救流线与其他流线不宜交叉。
- 急救中心门厅应有充足采光和通风。面积可适当加大，以满足大规模急救时扩展抢救室的需要。
- 急救中心门厅所有门、墙、柱应设防护板，以防止担架、推车等的碰撞。

7）放射科
- 放射科分成诊断组、治疗组和辅助室组三部分。
- 放射科应在医院的适中位置，便于门诊、急诊和住院病人共同使用。放射科内机器设备重量较大，最好设在底层，同时考虑便于担架或推车进入。
- 有较强放射能量设备的放射室应放在放射科的尽端或自成一区，独立设置。

- 暗室宜与摄片室贴邻，并应有严密遮光措施；室内装修和设施均应采用深色面层。
- 暗室的进口处应设有遮光措施。暗室内应有良好的通风措施，炎热地区应有降温设备。暗室的面积应不小于 $8\sim12m^2$。
- 一般诊断室门的净宽，不应小于 1.10m；CT 诊断室的门，不应小于 1.20m；控制室门净宽宜为 0.70m。
- 诊断室或治疗室均要有足够的面积，以安置不同型号的机器。还应考虑就诊者的更衣面积和担架的回转面积。一般不小于 $24m^2$。
- 室内允许噪声不应超过 50dB(A)。
- 钴60、加速器治疗室的出入口，应设"迷路"。
- 防护门和"迷路"的净宽不应小于 1.2m，转弯处净宽不应小于 2.10m。
- 对诊断室、治疗室的墙身、楼地面、门窗、防护屏障、洞口、嵌入体和缝隙等所采用的材料厚度、构造均应按设备要求和防护专门规定有安全可靠的防护措施。CT 扫描仪机房布置。

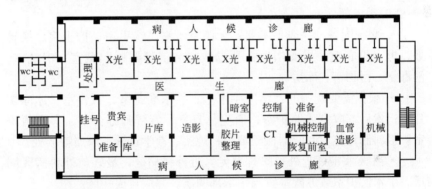

8) 功能检查室
- 包括心电图、超声波、基础代谢等，宜分别设于单间内，无干扰的检查设施亦可置于一室．。
- 室内地面最好为木地板，心电图室最好设有屏蔽设施，以排除电波的干扰。
- 检查床之间的净距，不应小于 1.20m，并宜有隔断设施。
- 肺功能检查室应设洗涤池。
- 脑电图检查室宜采用屏蔽措施。

9) 理疗科
- 理疗病人约占门诊人次的 10%～30%，住院病人的 10%～20%，故其设置位置应以方便门诊病人为主，又要便于住院病人治疗。又因病人有时需要多种治疗，故理疗各治疗室应集中一处为宜。最宜布置于尽端，有单独出口。
- 各治疗室以光疗、电疗使用率最高，宜设于入口处；又因电量大，为节省线路，可设在近放射科处，但要防止相互间强电干扰，应采取必要的措施。
- 必须单独设电源总开关，各治疗室分别设分开关，总开关可装在检修室。
- 光疗有：红外线、紫外线、太阳灯、辐射热、激光治疗等室。
- 电疗有：超高频、高频、低频、直流电、电睡眠、静电治疗等室，以及洗消准备室。
- 各类光疗、电疗室均应通风良好。地面应考虑防潮、绝缘，采用木地板或橡胶、塑料卷材贴面。所有设施，包括采暖散热器、电线、水管等均宜暗装。台度、防护罩等装修采用绝缘材料。
- 光疗除紫外线散发臭气，应单独设置外，其他可合用一室。治疗床中心距应大于1.50m。
- 激光治疗室墙面宜为白色，激光手术室宜为有色墙面。
- 电疗治疗床、椅、桌均须用木质材料。若为大间治疗室，宜采用木隔断隔成小间。一般治疗床中心距应大于1.50m；但超高频、高频治疗床中心距，以及治疗床与医护人员工作台的中心距，均应大于3.00m。

10) 手术部
- 必须配备：一般手术室、无菌手术室、洗手室；护士室、换鞋处、男女更衣室、男女浴厕；消毒敷料和消毒器械贮藏室、清洗室、消毒室、污物室、库房。
- 根据需要配备的：洁净手术室、手术准备室、石膏室、冰冻切片室；术后苏醒室或监护室；医生休息室、麻醉师办公室、男女值班室；敷料制作室、麻醉器械贮藏室；观察、教学设施；家属等候处。
- 手术室应邻近外科护理单元，近外科病区，最好与外科病区同层。手术监护室或苏醒室宜与手术部同层。并应自成一区。
- 不宜设于首层；设于顶层者，对屋盖的隔热、保温和防水必须采取严格措施。
- 平面布置应符合功能流程和洁污分区要求。
- 入口处应设卫生通过区；换鞋(处)应有防止洁污交叉的措施；宜有推床的洁污转换措施。
- 通往外部的门应采用弹簧门或自动启闭门。
- 手术室的间数及平面尺寸按外科病床计算，每25～30床一间；教学医院和以外科为重点的医院，每20～25床一间。平面尺寸不应小于下表的规定：

手术室平面最小净尺寸

手术室	平面净尺寸(m)
特大手术室	8.10×5.10
大手术室	5.40×5.10
中手术室	4.20×5.10
小手术室	3.30×4.80

- 通向清洁走道的门净宽，不应小于1.10m，应设弹簧门或自动启动门。
- 通向洗手室的门净宽，不应大于0.80m；应设弹簧门。当洗手室和手术室不贴邻时，则手术室通向清洁走道的门必须设弹簧门或自动启闭门。

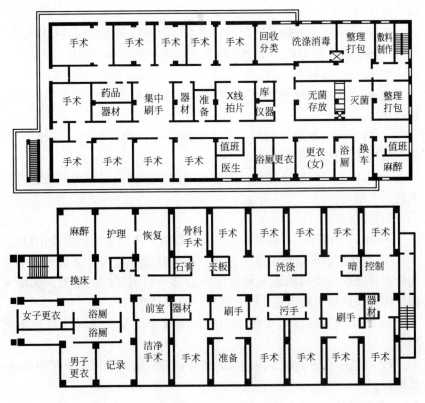

手术部复廊、中廊式平面布置

- 手术室可采用天然光源或人工照明。当采用天然光源时，窗洞口面积与地板面积之比不得大于1/7，并应采取有效遮光措施。
- 洗手室（处）宜分散设置；洁净手术室和无菌手术室的洗手设施，不得和一般手术室共用。
- 每间手术室不得少于2个洗手水嘴，并应采用非手动开关。
- 换鞋、更衣室应设在手术部入口处，使其成为清洁区与污染区的分界线。进入手术部者在此脱去外来"污鞋"，换穿内部"洁鞋"。换鞋时不能同踩一处，做到洁污互不交叉。

3.5 防火与疏散

1) 综合医院的防火设计除应遵守国家现行建筑设计防火规范的有关规定外，尚应符合下面的要求。

2) 医院建筑耐火等级一般不应低于二级，当为三级时，不应超过三层。

3) 防火分区

- 医院建筑的防火分区应结合建筑布局和功能分区划分。
- 防火分区的面积除按建筑耐火等级和建筑物高度确定外；病房部分每层防火分区内，尚应根据面积大小和疏散路线进行防火再分隔；同层有两个及两个以上护理单元时，通向公共走道的单元入口处，应设乙级防火门。
- 防火分区内的病房、产房、手术部、精密贵重医疗装备用房等，均应采用耐火极限不低于1小时的非燃烧体与其他部分隔开。

4) 楼梯、电梯

- 病人使用的疏散楼梯至少应有一座为天然采光和自然通风的楼梯。
- 病房楼的疏散楼梯间，不论层数多少，均应为封闭式楼梯间；高层病房楼应为防烟楼梯间。
- 每层电梯间应设前室，由走道通向前室的门，应为向疏散方向开启的乙级防火门。

5) 安全出口

- 在一般情况下，每个护理单元应有两个不同方向的安全出口。
- 尽端式护理单元，或"自成一区"的治疗用房，其最远一个房间门至外部安全出口的距离和房间内最远一点到房门的距离，如均未超过建筑设计防火规范规定时，可设一个安全出口。

6) 医疗用房应设疏散指示图标；疏散走道及楼梯间均应设事故照明。

7) 供氧房宜布置在主体建筑的墙外；并应远离热源、火源和易燃、易爆源。

3.6 造型设计

在医疗建筑设计中，建筑的形式问题常常是限制设计的一个最难处理的因素，建筑形态的创作常常会因为功能流程的格式化概念，使建筑设计陷入被动状态，其实医院的使用功能决定了医院建筑的形式，但它并不是一种简单的对应关系，而是强调建筑形式与医疗流程的互动，结合建设的需求建立起较合理的功能设计理念，甚至在建筑的外观造型确定之后，深入进行功能设计的再创作。

注重医疗建筑造型设计的人情味，多元化和文化内涵，可重点从以下几方面进行考虑：

1) 立足于患者心理和视觉体验，以简单、朴素、大方的简约设计为宜。同学可尝试利用建筑结构的变化，比如体量、结构或者空间的变化来实现造型塑造，让建筑富有一些美感与情趣。

2) 延续当地历史文脉。注重地域特定的文化与建筑特色，医院建筑造型设计借用其中的一些元素，可以体现一种文化的延续与传承，使建筑物富有一定的人文底蕴。

3) 借助颜色，体现审美情趣。医院的色彩最好统一配色，颜色应相对简单，外立面的色彩种类尽量避免太多，优选明快清新的色彩。利于调节患者人群的心理。

4. 参考图录

1) 厦门市第一医院门诊部

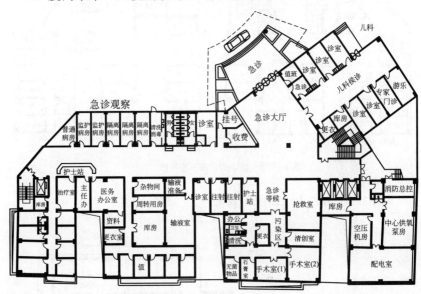

厦门市第一医院门诊部首层平面

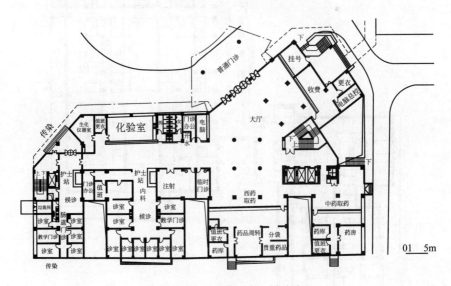

厦门市第一医院门诊部二层平面

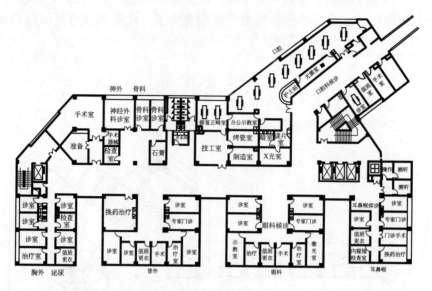

厦门市第一医院门诊部三层平面

2) 上海市第六人民医院门诊部

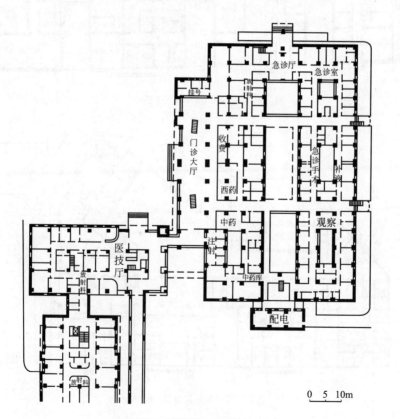

上海市第六人民医院门诊部首层平面

3）沈阳中日医学研究教育中心医院门诊部

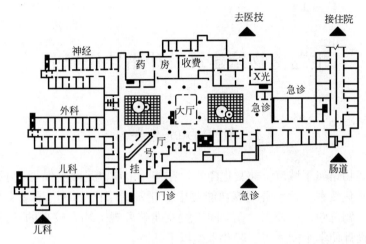

底层平面

4）南京某急救中心方案

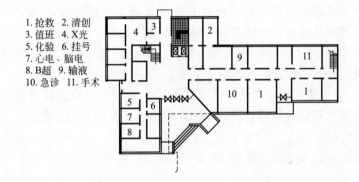

主题博物馆建筑设计指导任务书

1. 教学目的与要求

博物馆属于城市公共文化建筑,在使用上应满足藏品保管、陈列展览、文化教育、学术研究等功能要求,建筑造型由于不同地域文化或陈列主题可塑性也较大,在空间组织及建筑外观上均有较高的发挥度。通过设计使学生能适当了解并掌握以下几点。

1) 了解博物馆建筑的基本特点及内部空间组成要求。

2) 学习并掌握博览建筑平面空间组合的方法,有机处理建筑与环境之间以及建筑内部的功能流线和交通流线,合理处理内部空间与外部空间的衔接过渡、单体建筑与整体环境的关系。

3) 学习并掌握博览建筑的功能要求、结构要求、消防要求等;以及建筑、技术、构造等基本概念。

4) 结合城市地域文化特点或其他特定主题进行建筑体型设计,立面设计要求符合建筑形式美的规律,创造有个性的建筑形象。

2. 设计任务书与教学要求

2.1 设计任务书

2.1.1 设计任务

拟在南方某中等城市商业文化区内新建一主题博物馆。博物馆以该地区具有地域特色的某种物质或非物质文化遗产为主题。

2.1.2 设计要求

(1) 选定城市,针对城市地域特点、历史文化、民俗民风等确定主题,据此进行建筑设计构思。

(2) 总平面应充分考虑博物馆不同出入口与城市环境的有机关系,布局应与周边建筑协调。

(3) 建筑造型除了符合建筑形式美的规律以外,还应与所选主题有机结合,创造个性突出的建筑形象。

2.1.3 面积分配与要求

总建筑面积控制在 4500~5000m^2(按轴线计算,上下浮动不超过5%)。高度不超过四层。

(1) 陈列区

- 门厅　　　　300m²（内含售票、信息咨询等）。
- 展厅　　　　1500m²（可分设 3~4 个展厅）。
- 临时展厅　　300m²

(2) 藏品库区
- 文物库房　　300m²
- 珍品库房　　100m²

(3) 技术及办公用房
- 办公室　　　15m²×4
- 馆长室　　　15m²×2
- 艺术家工作室　100m²
- 研究室　　　50m²
- 文物修复　　100m²
- 展陈设计　　100m²

(4) 观众服务设施
- 报告厅　　　300m²
- 纪念品出售　100m²

(5) 其他

包括水平、垂直交通面积、公共休息空间、卫生间及其他必要的辅助空间。（具体设备用房另设，本次设计中不予考虑）

(6) 在场地设计中考虑设置相对集中的室外展示场地。

2.1.4　图纸内容及要求

(1) 图纸内容
- 总平面图 1:500~1000（全面表达建筑与原有地段的关系以及周边道路状况）。
- 各层平面图 1:200
- 立面图(2~3 个)1:200
- 剖面图(1~2 个)1:200
- 彩色效果图(1 个)

(2) 图纸要求
- 电脑绘制
- A1 图幅出图(594mm×841mm)。
- 横竖构图不限，但要求进行一定的版面设计。

2.1.5　用地条件与说明

(1) 该用地位于南方某中等城市商业文化区内，地势平坦。

(2) 用地北侧为商业步行街，宽 10m。步行街以多层沿街商业建筑为主；禁止车辆进入。

(3) 用地西侧为城市主要道路，宽 22m，道路对面是文化事业单位办公用地。

(4) 用地东面及东南方向有一条小河，风景优美。河对岸是城市居住小区；南面是一个小游园。

(5) 地形图见附图。

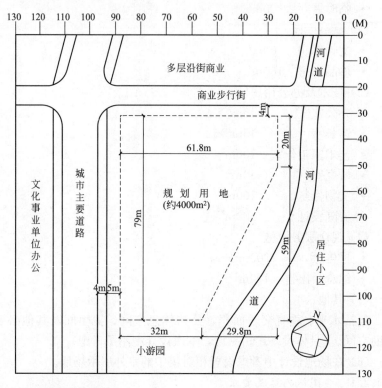

2.2 教学进度与要求

2.2.1 第一阶段

(1) 理论讲课——博物馆建筑的设计要求与要点，任务书的分析、并下达设计任务，课后进行参观调研。

(2) 选定博物馆主题，进行设计构思。

(3) 分析地形并确定总图布局。绘制一草。

2.2.2 第二阶段

(1) 建筑形体的组合设计，确定平、立、剖面图的关系。

(2) 绘制二草。讲评。

2.2.3 第三阶段

(1) 完善平、立、剖面图。

(2) 绘制电脑效果图。

2.2.4 第四阶段

电脑绘制正图。运用 AUTOCAD、3DMAX、PHTOTOSHOP 等软件完成整套建筑方案设计图纸。

2.3 参观调研提要

1) 建筑的造型风格与博物馆主题是否协调？

2) 总平面场地关系如何？建筑的主次入口分别在什么地方？客流

与货流的是否有重叠或交叉？
3）各个展厅之间如何组织？参观流线是否顺畅？是否需要走回头路？
4）展厅内的空间环境如何？采光口的形式和数量怎样？
5）休息空间是集中设置还是分散设置？休息处的空间环境、服务设施如何？
6）建筑内的净高有多少？层高有多少？
7）建筑是否设置有电梯或自动扶梯？楼梯间的位置容易找吗？

2.4 参考书目

1）邹瑚莹. 博物馆建筑设计. 北京：中国建筑工业出版社，2002
2）建筑设计资料集（第二版）·4．. 北京：中国建筑工业出版社，1994
3）博物馆建筑设计规范 JGJ 66—91
4）建筑学报、世界建筑、建筑师等杂志中有关博物馆建筑设计文章及实例

3. 设计指导要点

博物馆属于城市公共文化建筑，建筑造型由于不同地域文化或陈列主题可塑性也较大，在空间组织及建筑外观上均有较高的发挥度。

3.1 主题博物馆设计创意与构思

主题博物馆建筑创作应该做到"意在笔先"，首先从总体上对设计有一个构想，然后再开始具体的建筑设计。巧妙和新颖的构思往往成为博物馆建筑设计成败之关键。围绕博物馆所定主题，针对所处地域特征，挖掘相关文化艺术内涵，设计创意从中而来。

1）构思由博物馆的建造环境入手

建筑的建造环境一方面是设计的制约因素，另一方面也很可能成为设计的突破口。抓住环境因素中的主要矛盾，寻求解决问题的方法，并以此作为创作契机，赋予设计特色，往往能够成就好的设计创意。

当建造环境本身带有浓厚的个性特征时，如地处历史文化街区，或城市文脉清晰等，新建博物馆如何与环境相协调，就成为设计构思的一大途径。

当博物馆建在相对稳定、独立的传统环境中，片面强调个性会使新建筑陷入孤立境地，如何从群体上、形象上、空间上、精神上体现传统环境的时空延续也是不错的设计构思之路。

2）构思突出博物馆的内在特色

以博物馆的展出内容与主题作为设计构思与创意的途径，能使博物馆的特色更加鲜明，更能引导观众进入为他所设定的角色，与展出融为一体。另外以博物馆的功能特色为表达重点，抓住参观流线的特殊性或陈列室的特定空间特征等某一个方面来形成建筑特色，也可以使建筑具有明确的形象。

3) 表现某种建筑风格、流派或理论

4) 由相关事物激发联想创造

通过对相关事物的敏锐观察，形成联想，通过提炼、加工、抽象、转化、落实，进行创意与构思，往往会迸发出创造的火花。

5) 提炼有关精神内涵

对博物馆自身以及所在地域的文化、历史、神话、宗教等进行提炼，并将其精神内涵注入建筑的创意和构思，不仅能开拓思路，而且能使建筑设计获得丰富的文化内涵和哲理。

3.2 总平面设计

1) 大、中型馆应独立建造。小型馆若与其他建筑合建，必须满足环境和使用功能要求，并自成一区，单独设置出入口。

2) 馆区内宜合理布置观众活动、休息场地。

3) 馆区内应功能分区明确，室外场地和道路布置应便于观众活动、集散和藏品装卸运送。

4) 陈列室和藏品库房若临近车流量集中的城市主要干道布置，沿街一侧的外墙不宜开窗；必须设窗时，应采取防噪声、防污染等措施。

5) 除当地规划部门有专门规定外，新建博物馆建筑的基地覆盖率不宜大于40%。

6) 应根据建筑规模或日平均观众流量，设置自行车和机动车停放场地。

3.3 建筑设计

博物馆建筑各类用房基本要求如下：

1) 博物馆应由藏品库区、陈列区、技术及办公用房、观众服务设施等部分组成。

2) 观众服务设施应包括售票处、存物处、纪念品出售处、食品小卖部、休息处、厕所等。

3) 陈列室不宜布置在4层或4层以上。大、中型馆内2层或2层以上的陈列室宜设置货客两用电梯；2层或2层以上的藏品库房应设置载货电梯。

4) 藏品的运送通道应防止出现台阶，楼地面高差处可设置不大于1∶12的坡道。珍品及对温湿度变化较敏感的藏品不应通过露天运送。

5) 当藏品库房、陈列室在地下室或半地下室时，必须有可靠的防潮和防水措施，配备机械通风装置。

6) 藏品库房和陈列室内不应敷设给水排水管道，在其直接上层不应设置饮水点、厕所等有可能积水的用房。

3.3.1 陈列区设计要求

(1) 陈列区应由陈列室、美术制作室、陈列装具贮藏室、进厅、观众休息处、报告厅、接待室、管理办公室、警卫值班室、厕所等部分组成。

(2) 陈列室应布置在陈列区内通行便捷的部分，并远离工程机房。陈列室之间的空间组织应保证陈列的系统性、顺序性、灵活性和参观的可选择性。基本布局类型有以下三种。

• 串联式

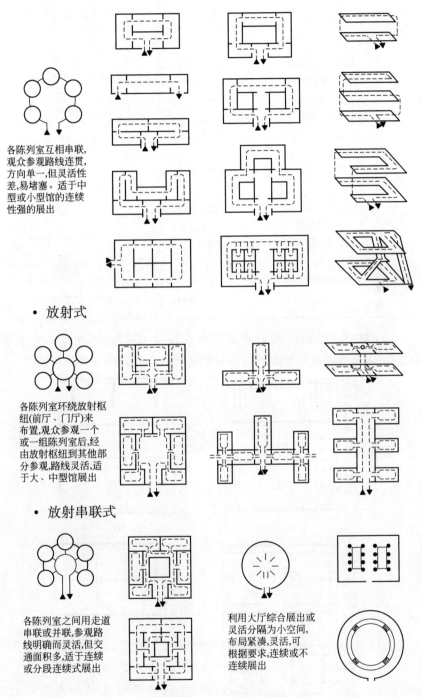

各陈列室互相串联,观众参观路线连贯,方向单一,但灵活性差,易堵塞。适于中型或小型馆的连续性强的展出

• 放射式

各陈列室环绕放射枢纽(前厅、门厅)来布置,观众参观一个或一组陈列室后,经由放射枢纽到其他部分参观,路线灵活,适于大、中型馆展出

• 放射串联式

各陈列室之间用走道串联或并联,参观路线明确而灵活,但交通面积多,适于连续或分段连续式展出

利用大厅综合展出或灵活分隔为小空间,布局紧凑、灵活,可根据要求,连续或不连续展出

(3) 陈列室的面积、分间应符合灵活布置展品的要求,每一陈列主题的展线长度不宜大于300m。应根据陈列内容的性质和规模,确定陈列室布置方式。陈列室内参观路线一般有以下几种组织方式。

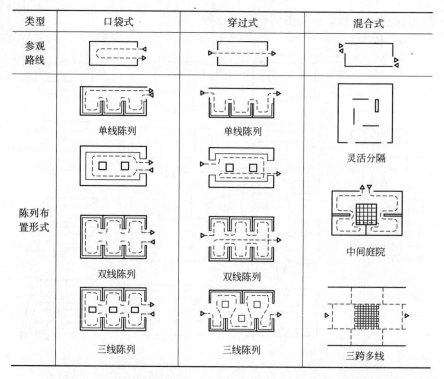

(4) 陈列室单跨时的跨度不宜小于 8m，多跨时的柱距不宜小于 7m。室内应考虑在布置陈列装具时有灵活组合和调整互换的可能性。

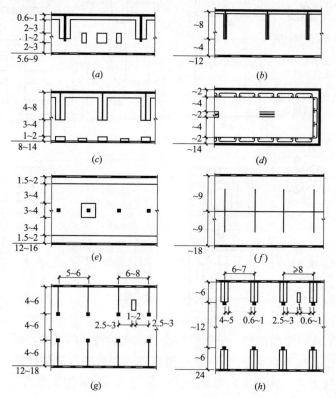

(5)陈列室的室内净高除工艺、空间、视距等有特殊要求外,应为3.5~5m。

(6)除特殊要求采用全部人工照明外,普通陈列室应根据展品的特征和陈列设计的要求确定天然采光与人工照明的合理分布和组合。

(7)陈列室应防止直接眩光和反射眩光,并防止阳光直射展品。展品面的照度通常应高于室内一般照度,并根据展品特征,确定光线投射角。

(8)陈列室应根据展示物品的类型选择合适的采光口的形式,一般有以下三种:

侧窗式采光口是最常用的采光方式,能获得充分的光线。但由于光线带有方向性,室内照度分布很不均匀,一般仅适用房间进深浅的小型陈列室。

高侧窗式采光口是将窗台提高到地面以上2.5m,以扩大外墙陈列面积和减少眩光。

顶窗式采光口采光效率高,室内照度均匀,整个房间的墙面都可以布置展品。

(9)中型馆内陈列室的每层楼面应配置男女厕所各一间,若该层的陈列室面积之和超过1000m²,则应再适当增加厕所的数量。

(10)大、中型馆宜设置报告厅,位置应与陈列室较为接近,并便于独立对外开放。

3.3.2 藏品库区设计要求

(1)藏品库区应由藏品库房、缓冲间、藏品暂存库房、鉴赏室、保管装具贮藏室、管理办公室等部分组成。

(2)藏品暂存库房、鉴赏室、贮藏室、办公室等用房应设在藏品库房的总门之外。

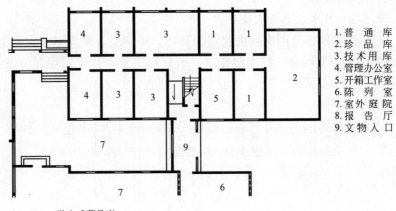

1.普通库
2.珍品库
3.技术用库
4.管理办公室
5.开箱工作室
6.陈列室
7.室外庭院
8.报告厅
9.文物入口

独立式藏品库

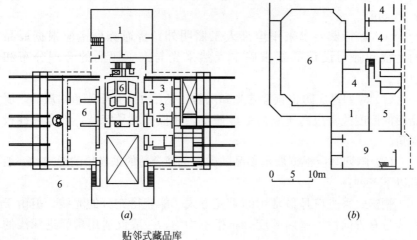

贴邻式藏品库
(a)某美术馆；(b)某乡土资料馆

(3) 收藏对温湿度较敏感的藏品，应在藏品库区或藏品库房的入口处设缓冲间，面积不应小于 $6m^2$。

(4) 大、中型馆的藏品宜按质地分间贮藏，每间库房的面积不宜小于 $50m^2$。

(5) 重量或体积较大的藏品宜放在多层藏品库房的地面层上。

(6) 每间藏品库房应单独设门。窗地面积比不宜大于 1/20。珍品库房不宜设窗。

(7) 藏品库房的开间或柱网尺寸应与保管装具的排列和藏品进出的通道相适应。

(8) 藏品库房的净高应为 2.4～3m。若有梁或管道等突出物，其底面净高不应低于 2.2m。

(9) 藏品库房不宜开设除门窗以外的其他洞口，必须开洞时应采取防火、防盗措施。

3.3.3 技术及办公用房

(1) 技术及办公用房应由鉴定编目室、摄影室、熏蒸室、实验室、修复室、文物复制室、标本制作室、研究阅览室、行政管理办公室及其库房等部分组成。

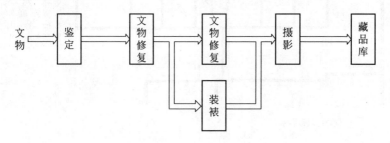

文物技术处理工艺流程

(2) 鉴定编目室、摄影室、修复室等用房应接近藏品库区布置。专用的研究阅览室及图书资料库应有单独的出入口与藏品库区相通。

3.3.4　交通空间的设计

门厅、过厅、廊道、楼梯、电梯等均属于交通空间，平面组合时尽最大努力处理好连接各使用空间的交通关系，确保交通流线顺畅，避免交通路线迂回交叉，同时，满足消防安全与疏散便捷的要求。

(1) 门厅合理组织各股人流，路线简洁流畅，避免重复交叉。

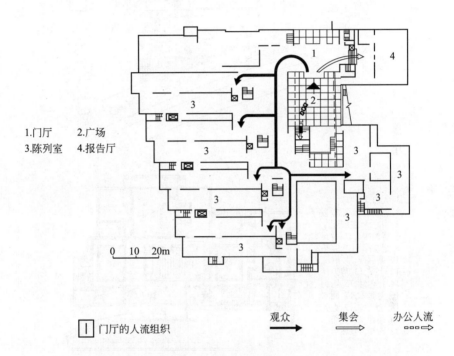

1.门厅　2.广场　3.陈列室　4.报告厅

(2) 垂直交通设施的布置应便于观众参观的连续性和顺序性。
(3) 合理布置供观众休息、等候的空间。
(4) 宜设问讯台、出售陈列印刷品和纪念品的服务部以及公用电话等设施。
(5) 工作人员出入口及运输藏品的门厅应远离观众活动区布置。

3.3.5　安全疏散

(1) 藏品库区的电梯和安全疏散楼梯应设在每层藏品库房的总门之外，疏散楼梯宜采用封闭楼梯间。
(2) 陈列室的外门应向外开启，不得设置门槛。

4. 参考图录

1) 何香凝美术馆，深圳，建筑师：龚书楷、梁文杰等。

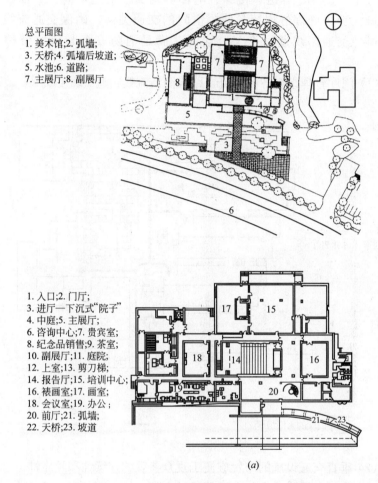

总平面图
1. 美术馆; 2. 弧墙;
3. 天桥; 4. 弧墙后坡道;
5. 水池; 6. 道路;
7. 主展厅; 8. 副展厅

1. 入口; 2. 门厅;
3. 进厅一下沉式"院子"
4. 中庭; 5. 主展厅;
6. 咨询中心; 7. 贵宾室;
8. 纪念品销售; 9. 茶室;
10. 副展厅; 11. 庭院;
12. 上室; 13. 剪刀梯;
14. 报告厅; 15. 培训中心;
16. 裱画室; 17. 画室;
18. 会议室; 19. 办公;
20. 前厅; 21. 弧墙;
22. 天桥; 23. 坡道

(a) 一层平面图

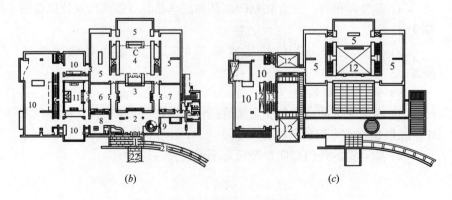

(b) 二层平面图；(c) 三层平面图

·168 建筑课程设计指导任务书(第二版)

2）哥本哈根方舟现代艺术博物馆，丹麦，建筑师：瑟伦·罗伯特·伦德

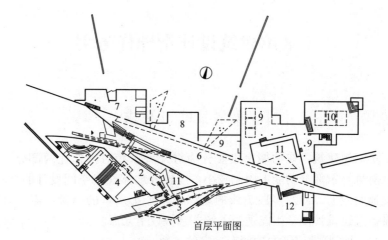

首层平面图

1.入口；2.门厅；3.餐厅；4.多功能厅；5.影视厅；6.中庭；
7.工作间；8.贮藏；9.临时展厅；10.展廊；11.内庭院；12.书画展厅

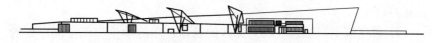

北立面图

美术馆建筑设计指导任务书

1. 教学目的与要求

美术馆建筑,在功能上主要分为对外展示和对内作业两部分,其中,对外展示部分功能上限制较小,能较好地体现出空间设计的技巧;在交通组织上,涉及多股流线的组织和多个出入口的布置,需要合理安排。通过设计使学生能适当了解并掌握以下几点。

1) 对展览类建筑的功能有一定的了解。
2) 对建筑和环境的关系有较为深入的认识。
3) 对空间设计技巧有较为深入的了解,培养学生的空间设计、组合能力。
4) 对建筑空间序列有较为深入的认识,培养学生组织空间序列的能力。

2. 设计任务书与教学要求

2.1 设计任务书

2.1.1 设计任务

拟在某城市近郊风景区内,临湖新建一美术馆。馆内主要展示和收藏当代艺术家作品,兼设相关工作用房。

2.1.2 设计要求

(1) 解决好总体布局。包括功能分区、出入口、停车位、观众观展流线、藏品流线、内部人员流线的组织、建筑与环境的结合等问题。

(2) 公共活动空间和展示空间重点设计,创造灵活、丰富、具有层次感的空间效果。

(3) 空间序列组织合理,完整有序,富有节奏。

(4) 使用适合于美术馆的室内光线引入方式。

2.1.3 规划要求

(1) 总平面布局应充考虑与湖泊的关系,并保留场地内原有古树名木。

(2) 场地内设小汽车停车位(3.0m×6.0m)10个,其中两个无障碍车位考虑,设大客车停车位(4.0m×14.0m)两个,设藏品卸车位,尺寸为4.0m×8.0m。装卸车位必须出入方便,同时周围应有一定的作业空间。

（3）技术经济指标：总用地面积12000m²，建筑密度≤30%，绿地率≥40%，容积率≯0.8；

（4）建筑檐口高度不超过18m。

2.1.4 面积分配与要求

总建筑面积控制在4000m²内（按轴线计算，上下浮动不超过5%）。

（1）陈列区（2700m²）

- 一般展室：1500m²（数量根据设计定，宜分室展览；需悬挂2件6m高特殊平面展品）
- 雕塑展室：300m²（最大雕塑展品高5m一件，附设室外雕塑展场，面积自定）
- 临时展室：200m²
- 报告厅：300m²（包含附属设施）
- 其他：400m²（用于交通、卫生、特色空间等）

（2）观众服务区（200m²）

- 售票处：20m²
- 衣物寄存处：20m²
- 纪念品售卖：60m²
- 咖啡吧：100m²

（3）藏品库区（1000m²）

- 一般藏品库：400m²
- 珍品库：100m²
- 暂存库：100m²
- 编目室：50m²
- 消毒室：50m²
- 化验室：50m²
- 修复加工室：100m²（50m²×2）
- 办公室：50m²（25m²×2）
- 其他：100m²

（4）学术研究用房（500m²）

- 研究室：150m²（30m²×5）
- 图书资料室：300m²
- 创作室：100m²（50m²×2）

（5）行政办公用房（300m²）

- 馆长室60m²（30m²×2）
- 财会室30m²
- 保卫部30m²
- 后勤部30m²
- 会议室90m²

（6）设备用房(300m²)
- 水、暖、电机房区：300m²（独立区域，不做细分，建议地下。）

2.1.5 图纸内容及要求

(1) 图纸内容
- 总平面图　　　　1∶1000
- 各层平面图　　　1∶200
- 主要剖面(2个)　 1∶200
- 主要立面(2个)　 1∶200
- 透视图(1个)(不小于A2图幅)
- 技术经济指标

(2) 图纸要求
- A1图幅出图(594mm×841mm)
- 图线粗细有别，运用合理；文字与数字书写工整。一律采用手工工具作图，并作一定的彩色渲染。
- 透视图表现手法不限，可作钢笔水彩渲染，也可彩色铅笔，但作图要求细腻。

2.1.6 用地条件与说明

(1) 该用地位于某市近郊湖滨景区内。

(2) 该用地南北向距离100m，东西向距离120m。建筑红线退让用地红线东侧2m，南侧2m，北西两侧不退让。

(3) 该用地东侧及南侧临城市道路，路宽均为12m。西北角临湖，湖面景色较好。基地中间有古树一棵，树冠直径12m，需要保留，具体位置详见地形图。

(4) 地形图见附图。

2.2 教学进度与要求

2.2.1 第一阶段

(1) 理论讲课——美术馆的设计要求与要点，任务书的分析、并下达设计任务，课后进行参观调研。

(2) 分析地形、明确难点、进行构思，绘制构思草图。

(3) 确定总图布局及主要功能块、主次出入口个数及大致位置、与周边道路关系、针对湖面和古树，提出设计策略。绘制一草。

2.2.2 第二阶段

(1) 对内部空间气氛和空间序列提出构想，并结合工作模型，深入推敲各层平面。

(2) 通过工作模型，推敲建筑形体，确定平、立、剖面图的大致关系。

(3) 结合建筑造型和展厅采光需要，推敲开窗方式。

(4) 绘制二草。

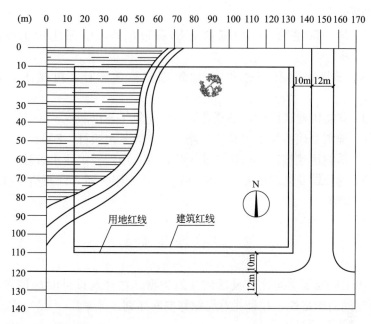

2.2.3 第三阶段
(1) 完善平、立、剖面图。
(2) 并绘制建筑透视草图。
(3) 设计说明。

2.2.4 第四阶段
绘制正图(一律手绘)表现手法以钢笔淡彩为主,并要求字体端正且图纸粗细有别。

2.3 参观调研提要

1) 已参观美术馆的周边景观资源怎么样?建筑是如何与环境和谐共生的?

2) 已参观美术馆的周边道路情况怎么样?共有几个出入口?分别怎么设置的?分别供哪些人群使用?内部出入口是怎么做到较为隐蔽的?

3) 美术馆的外部造型如何?是开放式的还是较为封闭?建筑风格怎么样?

4) 参观美术馆的序列感受是怎样的?哪些空间是序列中的高潮?你是怎么感受到空间的高潮的?整个序列的节奏怎么样?

5) 美术馆展厅的尺度怎么样?层高多少?参观者距离展品多远的距离可以获得比较好的参观效果?展品的尺寸有哪些规格?展示的方式有没有区别?

6) 展厅内的采光方式是怎样的?怎么来获得较为稳定和柔和的光线?

7) 美术馆内动静分区如何?公共活动区域有哪些功能?

2.4 参考书目

1) 建筑快速设计:博物馆,《大师》编辑部,华中科技大学出版

社，2008

2) 博物馆建筑，（美）亚瑟·罗森布拉特，中国建筑工业出版社，2004

3) 博物馆建筑与文化，《建筑创作》杂志社，机械工业出版社，2003

4) 博物馆建筑设计，邹瑚莹，中国建筑工业出版社，2002

5) 德国当代博物馆建筑，王路，清华大学出版社，2002

6) 博物馆建筑，（美）贾斯廷·哈德森，中国轻工业出版社，2001

7) 博物馆及艺术中心，[韩]贝思出版有限公司，江西科学技术出版社，2001

3. 设计指导要点

美术馆属于空间比较灵活的建筑类型，在建筑设计时应该考虑到内部空间的丰富性，并且注意组织好空间序列。

3.1 总平面设计

1) 总平面布局除了考虑基地内的场地、道路、各出入口与外部城市环境、城市道路的交接，也要考虑和周边环境的协调关系。

2) 总平面布局应该考虑到建筑本体的三大功能区块：展区、藏品库和研究用房。

3) 总平面布局应该考虑到三大主要流线的组织：观众观展流线、藏品流线、内部人员流线。

4) 出入口的设置。观众出入口是主要出入口，前设集散广场；藏品库及其出入口应处于相对隐蔽和次要的位置，但应便于运输；研究用房应靠近藏品库和展区，方便工作人员和专业观众。

3.2 建筑设计

美术馆属于向公众开放的建筑类型，具有收集保管、调查研究、普及教育三大职能。其内部功能关系较为简单，建筑设计的重点是公共空间（大厅、门厅等）和陈列空间。

3.2.1 主要使用空间设计

美术馆主要使用空间包括展厅（室）、报告厅等。

（1）展厅（室）设计

展厅是观众活动的区域，承载着观众活动和陈列展示的双重功能。展厅布局要考虑参观路线的系统性、顺序性、连续性，并适当安排休息场所，缓解观展疲劳。

展区的总体布局类型可以分为串联式、放射式、大厅式。

展厅（室）内部布置相关尺寸：

一般隔板长度 4~8m；

观众通道 2~3m；

室内净高一般 3.5～5m。

（2）报告厅设计

大中型博览类建筑一般都设有配套的报告厅，面积 $1\sim 2m^2$/座。报告厅既要与展厅之间联系方便，也要考虑在必要时可独立开放，还要与内部研究用房相互联系，方便研究人员到达。

（3）藏品库

藏品库应接近陈列室，藏品不宜通过露天运送。

藏品库尽量少开窗，避免阳光入射和温湿度变化较大，窗地比不超过 1/20。

藏品库净高不低于 2.4m。

3.2.2 辅助使用空间设计

美术馆的辅助使用空间也包括对外开放和内部作业两部分。

（1）观众服务区设计

包括问询处、寄存、纪念品售卖、餐饮咖啡、休息、厕所等。一般靠近出入口，可以结合门厅设计。休息空间和厕所根据需要在陈列区增设，使观众得到间歇性休息，休息空间的设计往往可以结合陈列厅的过渡，在明暗变化，空间收放上增添空间趣味，缓解观览疲劳。

（2）内部作业部分设计

包含编目室、消毒室、化验室、修复加工室、办公室等以及研究用房。这些用房要靠近藏品库，公众不易到达。

（3）行政用房和研究用房

要求位置隐蔽，环境安宁，公众不易达到。

3.2.3 交通空间的设计

作为博览建筑，美术馆内的交通空间设计是体现建筑空间趣味的重要场所。其交通空间除了常规的走廊、过道、楼梯之外，门厅、过厅、中庭往往成为设计重点。这些过渡性的厅堂空间对组织整个空间序列作用重大。

博览类建筑的门厅不仅是人流集散的交通枢纽，还设置有各种观众服务设施。作为交通枢纽，要求门厅内要快捷地疏散各股人流，避免交叉，组织好水平交通和竖向交通；在门厅内往往还附设咨询台、存包、纪念品售卖、观众休息交流等。

过厅往往成为进入展览区的先导空间，或者设于展览室之间，提供小型休憩场所。

很多美术馆也设有中庭空间，采用围绕中庭布局展示空间的设计手法。在中庭内往往引入充裕的采光，布置主要楼梯、坡道等。中庭空间成为整个建筑的高潮空间。

3.2.4 造型设计

美术馆所处基地环境优美，这就不仅要求建成建筑能够与环境和谐共生，还要求它也成为景区内的一个标志性景点。其造型设计应该从适应于周边景观出发。

（1）形体设计

美术馆形体设计要挖掘任务书条件，因地制宜。

任务书要求建筑密度≤30％，容积率≯0.8，那么建筑平均层数不会超过3层，同时要满足限高18m的要求。周边湖泊平坦延绵，建筑体块宜呈水平延展的形态。

美术馆内由于不同展品的尺寸限制，层高要求也不尽相同，形成体块上的高低错落；同时公共活动空间较为开敞，展览室较为封闭，形成形体上的虚实对比。

由于特殊的采光要求，也可以据此对展览室的采光窗进行处理，形成富有特色的建筑局部造型。

由于西邻湖泊，也可以考虑设置水上平台作为过渡；而名木古树周边可以考虑设置户外广场或者内天井；甚至可以考虑结合屋顶，设置户外展示空间……

（2）立面设计

在立面设计时要注意不能破坏整体的造型风格，立面风格也适应于整体风格，并遵循形式美的原则。

美术馆展示空间所需采光量有限，空间高度高，开窗要注意尺度感的把握；材料及色调选择不宜过于活泼鲜艳，偏重沉稳宁静。

4. 参 考 图 录

1）日本　成羽町美术馆

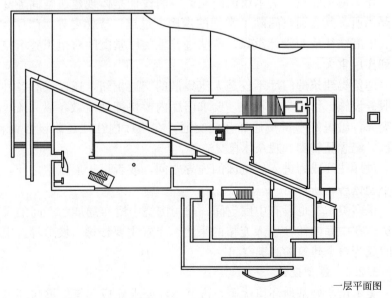

一层平面图

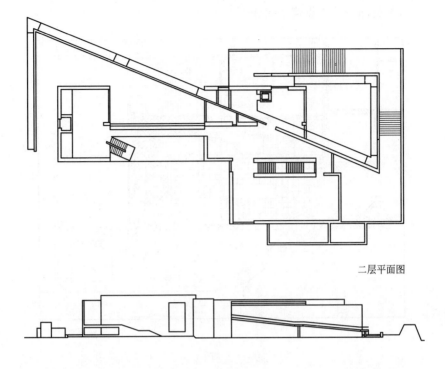

二层平面图

立面图

2) 德国柏林　新国家美术馆

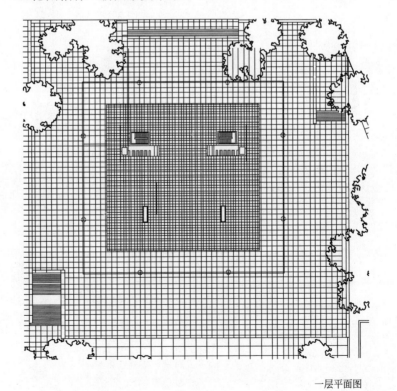

一层平面图

3）英国伦敦　克洛美术馆

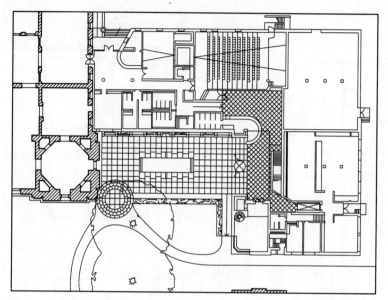

一层平面图

建筑系馆建筑设计指导任务书

1. 教学目的与要求

建筑系馆，属于教育建筑，是大学建筑教育、研究和交流展示的中心，是建筑教学新模式的教与学的空间。建筑系馆具备吸引国内外建筑家、艺术家来馆短期研究、交流的功能，是建筑学科师生信息交流、学术研讨、情感沟通的场所。

通过设计使学生能适当了解并掌握以下几点。

1) 通过建筑系系馆建筑设计，理解与掌握功能相对复杂又具有特殊使用要求的教育建筑设计方法与步骤。

2) 培养综合处理室内外复杂交通流线的能力。

3) 训练和培养建筑构思和空间组合的能力。

4) 重视室内外环境的创造，训练营造适应不同行为心理需求空间环境的能力。

2. 设计任务书与教学要求

2.1 设计任务书

2.1.1 设计任务

拟在某大学兴建建筑系馆一座。建筑系教学为五年制本科，每级两班，每班30位学生。研究生两年制，每年20人，教职工30人。系馆总建筑面积为$4500m^2$（正负5%），建筑密度不大于40%。

2.1.2 设计要求

(1) 处理好该建筑系馆与周边建筑的衔接关系，力求具有创造性，充分体现建筑系特色、历史文脉特色，并突出校园建筑的文化特色。

(2) 流线设计需考虑与校园主干线的衔接，有一定量的室内外自行车停车位和汽车停车位。

(3) 考虑室外环境和绿化布置，充分利用原有景观要素。设计符合所在地区气候特点并注重室内外环境的设计。

2.1.3 面积分配与要求

(1) 教学主要用房

- 专用教室　　　　　$10×90\sim105m^2$/间（每人平均$3\sim3.5m^2$）

可以分班设，也可以适当合班设。

- 讲课教室　　　　　　$6\times 60m^2$/间，可部分设计成电教室
- 美术教室　　　　　　$3\times 90m^2$/间，朝北或顶部采光
- 评图教室　　　　　　$3\times 90m^2$/间，可为开敞式
- 报告厅　　　　　　　$180m^2$
- 展览厅　　　　　　　$240m^2$
- 图书资料室　　　　　$240m^2$
- 建筑物理实验室　　　$2\times 90m^2$/间
- 模型制作室　　　　　$1\times 90m^2$/间
- 教学设备用房　　　　$1\times 50m^2$/间
- 摄影及晒图室　　　　$1\times 45m^2$/间

(2) 教学管理用房
- 小会议室　　　$1\times 30m^2$/间
- 教师办公室　　$20\times 15\sim 30m^2$/间
- 行政办公室　　$3\times 15\sim 30m^2$/间
- 复印室　　　　$1\times 15\sim 30m^2$/间
- 系主任室　　　$2\times 20m^2$/间
- 计算机室　　　$1\times 90m^2$/间
- 值班管理室　　$1\times 30m^2$/间
- 接待室　　　　$1\times 40m^2$/间
- 小卖部　　　　$1\times 10m^2$/间
- 设备房　　　　$1\times 20m^2$/间

其他空间要求如下：
- 门厅，数量，面积根据需要自定。
- 主门厅包括一个门卫室。并要求门厅内附设一定的临时展览面积，可根据需要灵活布展。
- 卫生间、开水间各层设置。
- 开水间约$6m^2$，卫生间厕位数由使用人数推算。
- 活动空间面积自定。要求为师生提供一处或几处进行交往、评图、课外活动、学术沙龙等活动的非封闭场所，既要保证交通便利、便于使用，又要具备相对的独立性，减少对讲课教室的干扰。
- 室外场所，可供学生们交流、休息、搭建小型模型，进行小规模结构构造实验。
- 普通教室层高3.6～3.9m。

2.1.4 图纸内容及要求

(1) 图纸内容
- 总平面　　　　　　1∶1000(不得小于"总图绘制框"所示范围)
- 建筑各层平面　　　1∶200
- 建筑立面、剖面　　1∶200(各不少于2个)
- 建筑表现图

- 建筑设计说明、构思分析及主要经济技术指标

(2) 图纸要求
- A1 图幅出图(594mm×841mm)。
- 图线粗细有别,运用合理;文字与数字书写工整。
- 透视图表现手法不限,可作钢笔水彩渲染,也可彩色铅笔、马克笔,但作图要求细腻。

2.1.5 技术经济指标控制
- 建筑总面积 4500m²(上下浮动 5%),建筑密度≤40%,绿地率≥30%。
- 自行车停车:100 辆(室外要求有防雨篷,若利用架空层停放自行车则不计入总建筑面积)。
- 机动车停车:30 辆(预留 15 辆机动车停放场地)。

2.1.6 用地条件与说明
(1) 该用地位于某高校校区内,在地形图上用地红线内建造。
(2) 该用地南、北为其他学院楼,西侧为校园主干道,主干道西面有一景观湖,湖面平静,景色宜人。
(3) 地形图见附图。

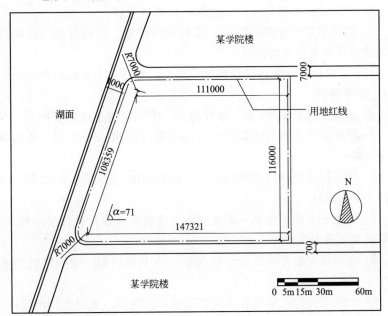

2.2 教学进度与要求

2.2.1 第一阶段
(1) 理论讲课——教育建筑的设计要求与要点,任务书的分析、并下达设计任务,课后进行参观调研。
(2) 分析地形并确定总图布局,布置概念性草案及单体构思草图。

2.2.2 第二阶段
(1) 建筑形体的组合设计,确定平、立、剖面图的关系。

(2) 绘制二草。

2.2.3　第三阶段

(1) 完善平、立、剖面图，并绘制建筑透视草图。

(2) 设计说明。

2.2.4　第四阶段

绘制正图，表现手法不限。

2.3　参观调研提要

1) 建筑位于学校哪个区域？交通组织是否合理？

2) 建筑的造型风格与校园环境是否协调？如果由你来设计，你有何创新性想法。

3) 建筑功能组织是否合理？流线是否清晰？

4) 走入建筑内部，氛围营造的如何？是否创造出一个适宜评图、展览和交往的多功能的空间环境？

5) 建筑设计是否充分考虑利用室内外空间作为展室的延伸？

6) 建筑的展览空间分为几种？是否有足够的空间进行图纸与模型的不定期展览？

7) 建筑内部空间设计是否丰富、有趣？

8) 建筑设计风格是什么？对你有何借鉴意思？

9) 建筑细部设计有何特色？用到哪些材料？这些材料的材质对于建筑的立面的表现有何作用？

10) 建筑设计有无体现绿色建筑理念，在技术上采取哪些措施？

2.4　参考书目

1) 建筑设计资料集(3). 学校部分. 中国建筑工业出版社

2) 耶鲁大学艺术与建筑系馆. (美)斯托勒 编. 汪芳 译. 中国建筑工业出版社

3) 建筑快速设计经典范例丛书：教育建筑.《大师》编辑部. 华中科技大学出版社

4) 历史·文化·传承—华谏国际文化教育建筑设计作品专辑 罗凯 中国建筑工业出版社

5) 全国获奖教育建筑设计作品集. 本书编委会. 中国建筑工业出版社

6) 中国现代建筑集成Ⅱ：教育建筑. 江海滨. 天津大学出版社

3. 设计指导要点

建筑系馆是具有特殊的行为关系要求的建筑物，不能等同于一般的文科馆或理科楼，是专业训练最直接的实习基地。在设计时应把建筑系馆作为一件大型实物教具来设计和使用。建筑专业的学生应该开放于一个真实的实物教具中，时时刻刻地观察、体验和研究建筑的设计，有利于学生的专业技能的养成和提高。

3.1 总平面设计

1) 根据任务书要求分析四周道路情况，学生、老师的来源方向，合理布置好建筑的主入口。

- 建筑系楼由于其特殊的功能要求，使得建筑本身往往具有教化的功能。其入口空间意境的营造，应在注重整体校园人文环境塑造的同时，创造出开放的、亲切宜人的环境氛围，并努力构建出具有一定隐性作用的多样的交流空间。
- 教学楼建筑入口的处理可以利用植物的栽种，以及台阶的起伏、栏杆的分割等方法加以对空间的限定和组织，丰富空间层次，增强空间变化，形成轻巧的室外空间品质，使建筑入口空间生动活泼。

2) 在对教学楼进行规划设计时，应使建筑空间与周边环境构思统一进行，使环境各元素与建筑之间配合默契，相得益彰。作为校园建筑都应关注整体校园环境的协调，力求尊重校园的整合性，将自身作为校园的一个元素和谐地融入到校园中，却又不失个性的塑造。整合性是个动态的概念，应考虑人在行进过程中功能层面的需求与变化，连续性视觉意象的层次、节奏与变化。

3.2 建筑设计

单体建筑设计其平、立、剖面图相互间应该综合考虑。通常可以是从建筑型体着手构思出不同建筑形体的组合形体，并勾画出相应的平面图、立面图与剖面图。

3.2.1 主要使用空间设计

（1）设计教室

设计教室为建筑系教学活动的主要场所，它在使用上要满足授课、讨论、绘图、制作模型，展示等功能，此外不同院系培养方式不同而对设计教室的要求也不同。因此设计教室空间需要具有很大的灵活性与适应性。设计教室常见的空间形式有两种，以班级为单位（通常以25～40人左右为一个班），一种为空间尺度较小的小教室；另一种为年级共用甚至跨年级、专业共用的大教室。

（2）评图室

评图活动是建筑设计学习的重要环节，一方面是由教师对学生设计成果的分析和评价，另一方面也是学生与教师交流，并听取不同意见的机会。因此评图空间是教学空间的重要组成部分。在功能上应考虑满足悬挂图纸和摆放模型，许多评图空间还具有作品展示的功能。评图空间在空间设置上主要有两种形式，一种是作为独立空间设置，另一种是结合其他多功能空间。

- 独立空间设置：其优点是安静、少干扰。但在空间形态上不同于其他独立空间具有明确的封闭性。评图空间普遍具有较为开敞、通透的空间特征，目的是鼓励交流和观摩。

• 结合多功能空间设置：结合多功能空间如：多功能厅或中庭等空间，其空间形态更开敞更具公共性，适合更多人参与。这种结合方式是近年来的系馆设计中使用较多的方式，这与教学方式开放化的趋势相适应。

（3）实验室

建筑系所要具备的基本的实验室主要包括建筑物理实验室和模型室。

• 物理实验室：主要承担声、光、热等实验和检测功能，因此需要一个大尺度空间，此外在结构上有时也有特殊的要求，所以大多位于建筑的底层或半地下层。

• 模型室：制作模型可以帮助学生建立三维空间概念，是将设计方案从平面构思向具体的空间形象推演的必要阶段。因此制作模型是建筑设计的重要过程。模型室的空间尺度没有一定之规，主要是由教学特色决定。一般倾向于技术的院系会在模型的制作过程中强调解决结构、材料等问题。模型室就是一个工程车间。许多模型是以等比例搭建的，因此需要大尺度的工作空间来满足需要。

（4）图书资料室

建筑资料室的主要实行藏阅结合，藏阅结合的开架阅览面积成为主体，建筑空间规划三统一，主要的使用空间为藏书空间、阅览空间、各类视听载体的藏阅空间等，这些都是"三统一"的主体空间。

柱网设计对于资料室的基本的功能空间——藏阅空间、典藏空间及其他可能改变使用功能的内业工作空间，其统一柱网有 6、7.2、7.5m 等，国外还有采用 8.1m 或更大的柱网。

从我国现实的技术经济角度看，柱网以 7.2×7.2～7.5×7.5m 之间为宜。层高一般采用 3.6～4.2m。楼板结构体系宜采用现浇密肋楼板结构，它可以降低主、次梁的高度，可以为在板底网络布线，尤其是为设置空调管道走线提供方便。

（5）多功能报告厅

• 报告厅的规模及功能用房

尽管目前报告厅的设计依据剧场的模式设计，建筑学系教学楼内的报告厅的规模要根据学院的人数规模和实际需求来确定，就目前建筑学院的招生规模来看一般以 500～1000 为多，从拥有独立的建筑系报告厅的院校所调查的统计结果看，报告厅人均面积在 0.3～0.5m²/生之间为宜，见下表。

高校建筑院校人数和报告厅的规模的统计表

建筑高校	报告厅建筑面积(m²)	在校人数（人）	人均面积(m²/生)	每座面积(m²/座)
清华大学	598	1126	0.53	—
同济大学	320(300座)	940	0.34	1.06

续表

建筑高校	报告厅建筑面积(m^2)	在校人数（人）	人均面积（m^2/生）	每座面积（m^2/座）
湖南大学	280(216 座)	818	0.34	1.29
深圳大学	210(180 座)	597	0.35	1.16
华中科技	320(300 座)	1680	0.10	1.41

报告厅的空间类型多种多样，规模容量可以小到两三百座，也可以大到上千座，但是，其基本功能组成却是一样的，都包含了以下几个部分：①休息厅是观众候场、休息、社交的场所，并有展览等功能。建筑系楼内报告厅前的休息厅往往与楼内的公共交往空间如大厅、边厅或中庭合二为一。②观众厅是观众观看演出的场所，是报告厅的核心空间，观众厅设计是一个非常复杂的设计工作，它要综合观演形式、室内设计、观众席设计、建筑声学、演出灯光音响及其控制室的布置等诸多方面的内容。③前台、舞台是演讲人员进行汇报演出的场所。④后台是为演讲人员提供准备和服务的场所，包括演员用房、演出用具用房及其运输系统和演出办公用房三个部分。⑤辅助用房包括确保以上部分正常运行的通用和专用机电设备用房。

在以上这些功能区域中，休息厅和观众厅是公共活动区，前台、舞台和后台是专业人员活动区，两者的人流路线和分区应各自独立、互不干扰。而机电设备用房也应尽可能与上述两大部分相分离。

- 报告厅的体型设计

平面设计：矩形、方形、扇形、圆形等。面积指标：我国一般以 $0.8\sim1.0m^2$/座估算。

剖面设计：空间体积一般选用 $3.5\sim5.5m^2$/座。

3.2.2 辅助使用空间设计

建筑系馆的辅助使用空间包括：教师办公室或工作室，行政所需的办公室、会议室、接待室、设备用房等。

(1) 首先，分析辅助空间与主要空间的关系，并安排好各自相应的位置。如教师办公室与设计教室之间既要求流线分开，又要求能相互联系。行政办公区域则应与教学区功能分区明显。

(2) 辅助空间尽可能地不要与主要使用空间等争夺朝向、地形等标准，同时，处理好"内"与"外"，"静"与"闹"的相对关系和流线。

3.2.3 交通空间的设计

(1) 门厅

界于室内、外空间之间的过渡性空间。这种过渡性存在于多个层面，包括心理层面的公共与私密以及空间形态的开放与封闭之间。因此这种具有缓冲功能的空间设计是十分必要的。在设计手法上可以采用以下几种：

- 把握空间尺度：一方面要满足人流的集散，防止拥挤现象，起到缓冲空间的作用；另一方面，减弱室内外空间尺度反差过大而造成的心理上的不适应。
- 弱化内外空间界面：大多使用玻璃作为空间界面，南方也可以使用更为开敞的形式。在心理上可以减少突兀感，同时还可以引入自然光和室外的景观，增加了室内的开放性与舒适性。
- 复合空间设计：在同一空间内为不同的活动类型提供场所，如等待或者接待等，能使外来者更感到亲切，真正体现空间的开放性。

(2) 中庭

该空间属于建筑中的主导性空间，是公共空间序列的高潮，并多有采光顶，将自然光引入，是室内化了的室外空间。在设计中可以：

- 绿色景观的引入：对建筑物在物质上、精神上、视觉上的重要意义，与基于可持续理念的绿色建筑的设计原则不谋而合，一方面，绿色植物能有效降低建筑运行的能耗，改善微气候环境；另一方面，其强烈的地域特点和文化内涵往往反映出各地独特的人文和区域景观。
- 空间边界的过渡性处理：中庭空间具有室外空间的特征，是公共空间中最具公共性与开敞性的部分，与其他室内空间反差较大，只有合理的设置过渡性空间才有助于促使人们进入并进行各项活动。空间周围的柱廊或大台阶以及连廊等都可以形成空间之间的过渡。
- 空间的趣味性设计：中庭空间是通高的共享空间，应在空间的各个层面都能感受到中庭的丰富性。一方面可加入开敞的大楼梯，不仅起到垂直交通作用，更在视觉上丰富了空间的层次性。此外还可设置跨越空间的连廊，对于尺度过大的中庭增强了功能空间之间的联系，并增加了中庭的视觉可达性，有利于交往活动的发生。

(3) 边庭

它是一种侧置了的庭空间形式，空间特征与中庭空间有所差异，它对周围空间的组织功能稍弱，活动人群范围稍小，相对于中庭，边庭的开放性稍小。

- 内外空间界面的弱化：与室外的界面弱化处理，如采用玻璃界面或者栅栏等，将其与室外空间联系起来，成为一种过渡性空间。
- 复合空间的设置：可以采用改变空间内的高差以及围合程度的变化来创造复合型空间，这样有利于活动内容的丰富，增加人们交往的机会。

(4) 过厅

它是具有一定的区域归属性的空间，相对其他节点空间过厅私密性较强，主要使用人群集中在附近功能空间内的人群，适宜小范围的交流和独处。

- 结合其他空间设计：结合功能空间，或者空间的连接转换处设置具有过渡和停留的场所。如结合多功能空间或楼梯、走廊、连廊等空间设置。

- 室内化的环境设计:可以从家具的选择照明与色彩等环境的要素着手营造舒适的私人化空间,在心理上更接近于室内,减少外来的干扰。

(5) 廊

建筑系馆的廊空间除了承担交通功能外还是重要的展示与交流的场所,同时也是整个空间序列的重要连线。就要求在空间尺度以及采光照明等方面进行合理化设计。廊空间的形式多样所采用的设计手法也有所不同。

- 空间尺度的把握:可以适当放宽空间尺度,使人可以停留观看展品甚至交谈而不至于影响交通,形成具有交往功能的场所。
- 人工照明:可采用点光源直接投射在展品上或带状光源突出墙面,同时弱化其他光源以达到强调展品的效果。
- 廊空间的灵活运用:廊空间因其围合程度以及界面特征的不同而具有丰富的变化,内廊、敞廊、连廊等。灵活运用这些廊,将营造出更丰富的空间形态来。

3.2.4 造型设计

建筑系馆的造型设计,既包括建筑物的外观,又包括内外空间的特色处理既涉及整体,又涉及细部处理。建筑系的教学楼本身就是一个橱窗,它的形象塑造不仅要保证功能的合理性,同时也是一种设计观念的集中反映。诸如对继承与革新、时代性、地方特点、建筑性格、风格等等问题,都应当通过设计而有所体现。

(1) 功能性

建筑设计功能的合理性和建筑造型创意也是互动的关系,在功能基本合理的前提下,可以创造多种多样建筑审美形象。此外,一个有创意的功能布局,也能启发新的形象创造灵感,由内及外、有机结合,创造独具特色的建筑形象。

(2) 文脉与地方性

大学的本质是继承过去、创造未来。有生命力的文脉都是存在于发展中,注意学校的文化传统及历史沿革。

在单体建筑方面,就更加强调单体建筑是群体建筑的一部分,注重新、老建筑在心理、环境上的沿承连续性。每一个建筑,都作为历史、文化的反映的建筑而有机地进入环境中。

在创作手法上,可以采用视觉上的模仿、装饰的运用、强调细部等。任何一座学校都有其或长或短的历史,而学校又因其历史的悠久而显得人杰地灵。在学校建设过程中要尊重现存建筑,既要注重构建新的,又要注重学校文脉环境的延续。

(3) 美学性

美学是人的审美意识和美感经验,是对事物美好感受的抽象表达,它旨在培养人的审美情趣、欣赏水平和创造能力。教学楼必须包含

"教育"的内涵，它不同于商业建筑，或政府办公建筑，不能以炫耀的心态去设计，它必须具有一种文化底蕴及深层次的美学原则。这种美不只是纯粹的形式美，而应是与功能、环境想结合的完好的表现形态，形式美与功能的一致，充分表达建筑的个性和环境的认知，并能引起学生及教师在心理情感上的共鸣。

4. 参考图录

同济大学建筑与城规学院三座系馆
1) 文远楼（A 楼）

文远楼建成于 1954 年，由黄毓麟、哈雄文设计。它是我国最早的典型的包豪斯风格建筑，20 世纪 90 年代末被载入《世界建筑史》。

文远楼是典型的三层不对称的错层式、钢筋混凝土框架结构建筑，其建筑面积达 $5050m^2$。建筑从平面布局到立面处理，从空间组织到结构形式都大胆而成功地运用了现代建筑的观念和手法。

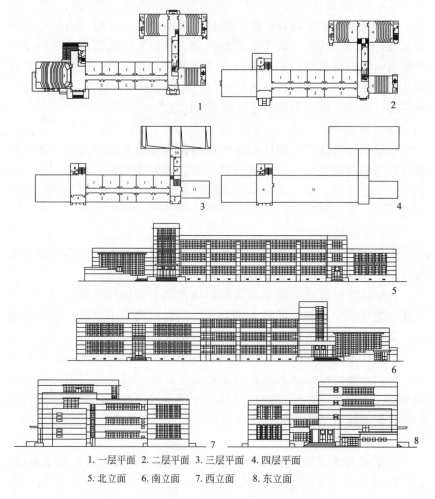

1. 一层平面 2. 二层平面 3. 三层平面 4. 四层平面
5. 北立面 6. 南立面 7. 西立面 8. 东立面

2) 名成楼（B楼）

1987年8月明成楼一期工程建成，1997年5月二期工程建成，如今正在进行大规模整修，包括将图书馆扩建成1000m²，国内建筑系的最大图书馆。它的功能空间主要围绕中庭、庭院和多功能厅设计，中庭顶盖采用V形截面球节点钢管空间行架，屋面用U形夹丝玻璃，整个顶部轻盈通透豁亮开敞。

入口透视

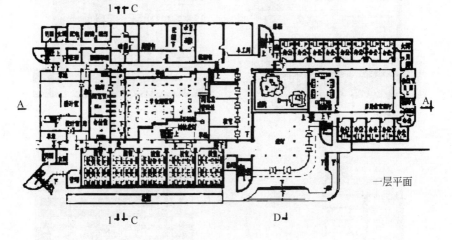

一层平面

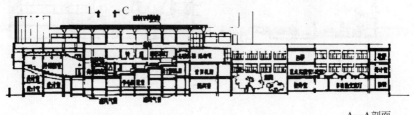

A—A剖面

3) C楼

C楼建成于2004年5月,作为学院老楼(B楼)的扩建,主要作为研究生教学使用。用地西侧紧邻老楼,南侧为能源楼,东侧为苗圃,北侧紧靠校园围墙一直是校园中被"隐匿"的边缘角落之一。C楼的设计理念是一个充分鼓励使用者交往的建筑,在这里建筑空间被理解成为一个流动的连续体,交往空间成为空间的主干,而功能空间与它之间呈现一种动态的"即插式"关系。各个单元的外皮分别使用透明玻璃、半透明U形玻璃板、半透明钢板网、抛光瓦楞铝板等工业材料。室内地面主要是自流平处理。与明成楼通过一个两层高的连廊连接。

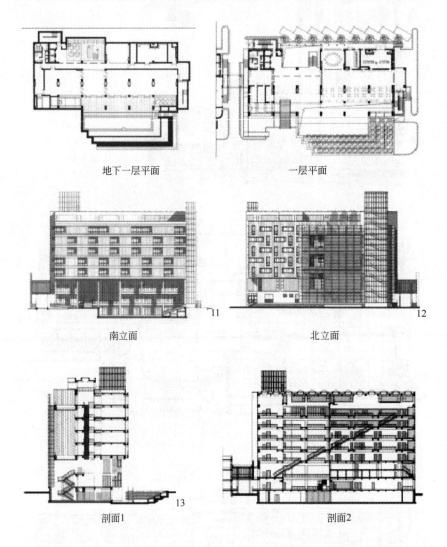

地下一层平面　　　　一层平面

11 南立面　　　　12 北立面

13 剖面1　　　　剖面2

第 3 章　综合设计阶段题目

随着我国建筑业的迅猛发展，新的建筑如雨后春笋般拔地而起，建筑高度不断刷新，建筑功能也日趋多样与综合，新的材料与技术更是层出不穷，这些因素导致我们的建筑设计题目也必须是多元的和综合的。

进入了综合设计阶段的同时，也就意味着进入了在校期间课程设计的最后阶段，可以说，建筑设计课程的基础设计阶段是我们学习建筑设计的入门阶段，注重设计方法与设计的过程；提高设计阶段是打开设计智慧，不断创新与提高的设计阶段；而综合设计阶段，却是融新技术、新规范，面向社会的一个实训设计阶段。

本章共编写了6个设计题目，从不同的角度反映出综合设计能力的训练，例如："高层综合办公楼设计"必须考虑建筑造型与结构选型的若干问题，建筑高度与消防的关系，地下车库与人防的问题等。"步行商业街"该题目为多层，但需要设计者综合考虑整条街与各建筑物之间的相互关系，包括高低、前后与左右三个向度之间的关系和空间轮廓线的处理，以及个体与整体之间的消防安全问题的处理。更需要强调的是团队合作精神（两个同学做一条街，各负责一面）。"住宅小区设计"结合我国目前的房地产业、综合运用、建筑结构、设备、安全消防规范等多方面的知识，了解以人为本人车分流的设计手法。通过"建筑施工图设计"对应用性本科的同学来说是非常重要的一环，在教师的指导下综合运用建筑、结构、构造、设备等多门课程的知识，正确处理它们的相互关系，为五年级的业务实践以及今后的工作提供必要的准备。

高校图书馆建筑设计指导任务书

1. 教学目的与要求

图书馆设计旨在训练学生初步掌握处理功能较复杂、造型艺术要求较高的大型公共建筑的设计方法。重点学习文化类建筑设计手法,培养学生从场所精神、建筑流派、文化气质、地域特色、生态技术等不同切入点突出建筑的个性,创造有新意的设计作品。

1) 对大型公共建筑建筑复杂功能设计手法的学习,培养构思能力。

2) 训练建筑构思和空间组合的能力,处理好复杂功能流线,了解读者使用行为心理,了解图书馆管理模式对方案设计提出的特定要求。

3) 培养对空间的感知和空间设计能力的提高,处理好建筑室内与室外以及建筑造型之间的关系。

4) 初步理解艺术性要求较高的文化类建筑的设计要点与手法。

2. 课程设计任务与要求

2.1 设计任务书

2.1.1 设计任务

图书馆包括公共图书馆、高校图书馆和科研机构图书馆等。高校图书馆是高等学校扩大师生员工知识领域,精神文明交流的重要建筑场所之一。满足师生的教与学的需求,原有图书馆藏书增加、功能扩展,及改善大学教学环境需要,拟在浙江某大学校区内建一图书馆,选址于科技馆北侧,新教科大楼东南侧,总建筑面积约为 $5700m^2$,基地详见附图。

2.1.2 设计要求

(1) 建筑密度小于40%,绿化率大于30%。

(2) 解决好总体布局,充分考虑地形条件,以及周围条件对建筑的影响,注重与环境的结合等问题。处理好各功能分区,合理组织读者流线、办公流线与书刊流线等功能流线。

(3) 妥善处理主次入口位置,组织好建筑外部的人流、车流,营造丰富的外部环境。

(4) 造型注意体现图书馆的文化个性,体现大学图书馆作为校园中心建筑及精神文明交流平台核心建筑的特色性。

(5) 注重阅览室内部设计，处理好阅览、书库、交往休憩空间的面积比例及空间组织。

2.1.3 面积分配与要求

总建筑面积 $5700m^2$，K—70%。图书馆采用普通阅览室开架借阅与密集书库开架借阅相结合的借阅与藏书形式，一部分图书书架与阅览空间结合于阅览室内部；一部分图书密集式储存，布置若干阅览与休息座椅。

(1) 密集书库 $300m^2$

(2) 阅览室及开架书库 $2600m^2$

- 学生阅览室：$1480m^2$。包括阅览空间（330座）$660m^2$；开架书库 $800m^2$；阅览部 $20m^2$，工作人员的工作场所，可在阅览室内设置或临近阅览室布置。

- 科技图书阅览室：$350m^2$。包括阅览空间（75座）$150m^2$；科技开架书库 $200m^2$。

- 科技期刊阅览室：$370m^2$。包括现刊阅览空间（50座）$100m^2$；过刊阅览空间（25座）$50m^2$；期刊开架书库 $200m^2$；期刊部 $20m^2$，可在期刊阅览室内设置或临近阅览室布置。

- 电子资料阅览室：$120m^2$。阅览空间（80座）$100m^2$；电子资料管理室 $20m^2$。

- 视听资料阅览室：$130m^2$。视听阅览空间（20座）$45m^2$，供读者使用录音磁带、唱片、幻灯片等视听资料；视听资料库 $65m^2$；视听资料管理部 $20m^2$，为管理工作室，要求与视听资料库相邻。

- 教师阅览室（60座）：$80m^2$。可酌情配备适量书架。

- 其他：各阅览室内部可设置部分休憩交流空间、讨论室等，面积自定。图书馆每层应配有卫生间及开水间，其数量与面积按照相应系数与服务半径确定。

(3) 读者公共活动用房 $500m^2$

- 门厅：$100m^2$，是读者出入馆的主要人流交汇处，建筑水平、垂直的交通枢纽。

- 目录、出纳厅：$60m^2$，设置在读者入馆、入库的位置附近，要与密集书库有所联系。

- 计算机检索终端室：$40m^2$，与目录厅邻近，放置8~10检索计算机。

- 学术报告厅：$300m^2$，设置座位200座，厅内备有放录间、35mm、16mm幻灯、投影等设备，并设有集中控制室，每个座位上装有同声传译设备。

(4) 技术业务用房 $400m^2$

- 采访交换室：$40m^2$。

- 图书流通：$80m^2$，分典藏室（一间），馆际互借工作室（一间），流通出纳工作室(二间)。其中典藏室设于底层,总目录厅附近设流通部工作室及馆际互借室。

- 编目加工室：60m^2,分隔成数间,室内需存放一定数量的书架空间。位置设于进送书方便处,临近密集书库及竖向运书电梯。
- 照相室：40m^2。
- 电子资料工作室：40m^2。
- 图书修整装订室：40m^2。
- 计算机网络中心：80m^2,分主机房和工作辅助用房两部分。主机房：设于底层,包括磁带和磁盘库、软硬件工作室、监控终端室、高速打印机室、维修室、更衣室、贮藏室等。

(5) 行政办公及辅助用房　　　　　　　　　　　　　120m^2
- 馆长室：20m^2。
- 办公室 3×20：60m^2。
- 会议室：40m^2。

(6) 设备用房　　　　　　　　　　　　　　　　　　40m^2
- 交配电用房：40m^2。

2.1.4　图纸内容及要求

(1) 图纸内容
- 总平面图 1：500(全面表达建筑与原有地段的关系以及周边道路状况,表达屋顶平面、注明层数；画出室外环境设计；注明各出入口；注明指北针)。
- 各层平面 1：200～1：300(首层表现局部室内外关系、画剖切符号、标注标高；各层标注标高)。
- 立面图(2个)1：200～1：300(至少一个立面能看到主要入口；标注标高,图面粗细有别)。
- 剖面图(1个)1：200～1：300(准确表达梁柱等结构关系,标注室内外地面、各层楼地面、建筑檐口和最高处的标高)。
- 透视或鸟瞰图,表现手法水粉、水彩自定。
- 不同角度建筑外观模型照片至少 3 张,裱贴于图纸上时,模型比例自定,注意与其他图纸内容的组织。
- 设计说明及技术经济指标

(2) 图纸要求
- A1 图幅出图(594mm×841mm)。效果图 A2 规格,可不画图框。

2.1.5　用地条件与说明

(1) 该用地位于浙江某校区内。
(2) 该用地北侧毗邻运河,运河北侧为校区宿舍区,用地西侧为旧图书馆,北侧为校园教学区,东侧有一水面,可视为景观。
(3) 地形图见附图。

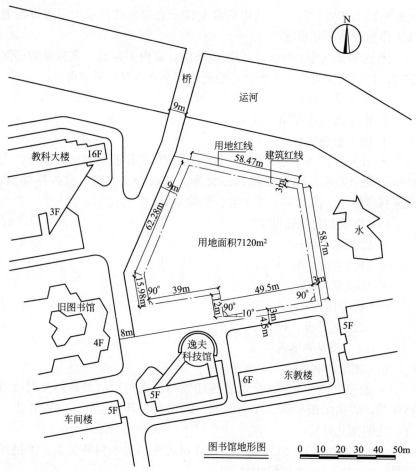

图书馆地形图

2.2 教学进度与要求

2.2.1 第一阶段

图书馆建筑的基本概念及内容，设计任务书讲解；考察基地，分析环境；实例参观，收集资料。

第一轮草图（功能与环境分析，多向发散构思，2个以上构思方案，制作体块模型）。

2.2.2 第二阶段

第二轮草图（方案比较与功能、形象、环境、个性、可行性等方面的评价；选定方案的平面流线、空间组织、环境关系、建筑形象的具体设计与研究，制作工作模型）。

2.2.3 第三阶段

深入设计（一），整体环境、平、立、剖面图（尺规表现）。

深入设计（二），结构技术与建筑空间整合。

深入设计（三），细部推敲，造型提炼。

深入设计（四），工作模型推敲。

2.2.4 第四阶段

完成正图、透视图的绘制，附模型照片于图中，交图。

2.3 参观调研提要

1) 总平面中建筑与场地出入口的关系，高校图书馆在校园园区的位置如何，有何特点？
2) 图书馆的主要功能分区和功能关系如何？
3) 各出入口的位置与各流线如何组织，如何使图书流线和读者流线不产生交叉？
4) 各阅览室的家具布置与开间的关系？有无采光和照明上要求？
5) 书架尺寸与建筑层高、净高、开间的关系如何？书库与阅览、出纳空间的关系？
6) 藏书空间对采光、通风、防火的要求如何？密集书库一般布置的位置？
7) 门厅、出纳、检索的空间关系如何组织？
8) 报告厅的布局和要求，大空间结构如何处理？
9) 图书馆作为文化建筑在造型上有何特色？

2.4 参考书目

1)《图书馆建筑设计规范》（38—87）
2)《图书馆建筑设计》　　　　　　　　鲍家声编著
3)《现代图书馆建筑设计》　　　　　　中国建筑工业出版社
4)《建筑设计资料集》7　　　　　　　 中国建筑工业出版社
5)《公共建筑设计系列—图书馆建筑》　江西科技技术出版社
6)《现代建筑集成—图书馆建筑》　　　百通集团
7)《建筑设计资料集成》4　　　　　　 日本建筑学会编
8)《快速建筑设计资料集》（上、中、下）中国建筑工业出版社
9)《建筑设计防火规范》　　　　　　　原建设部
10)《民用建筑防火设计规范》
11)《现行建筑设计规范大全》
12)《世界建筑》、《建筑学报》等有关期刊：
 • 现代高效能图书馆建筑设计问题探讨——建筑学报 1982 年第 3、4 期
 • 深圳图书馆设计——建筑学报 1987 年第 6 期

3. 设计指导要点

3.1 总平面设计

1) 总平面布置应功能分区明确、布局合理、各区联系方便，并注意同校园其他区域相互之间的关系。
2) 交通组织应做到人、车分流，组织好人行流线和图书运输流线，馆员入口与图书运输入口应便于人员进出、图书运送、装卸和消防疏散。统筹设计的机动车停车场地，并考虑部分自行车停放设施。

3) 新建公共图书馆的建筑物基地覆盖率不宜大于40%。绿化率不宜小于30%。因结合景观设计布置适当室外阅读、休憩空间。

4) 建筑的总平面布局图底关系要与校园总体布局相统一。

3.2 建筑设计

现代图书馆建筑藏、阅空间合一者，应采取统一柱网尺寸，统一层高和统一荷载，使各空间柱网尺寸、层高、荷载设计有较大的适应性和使用的灵活性。合理安排采编、收藏、外借、阅览之间的运行路线，使读者、管理人员和书刊运送路线便捷畅通，互不干扰。

3.2.1 各功能空间的相互关系

借、阅、藏是现代化图书馆三个最基本的部分，三者间的关系构成了图书馆内读者和图书、服务之间的流线，应避免各流线交叉，内外分区，流线畅通。图示表明了高校图书馆建筑中各功能空间的基本关系。

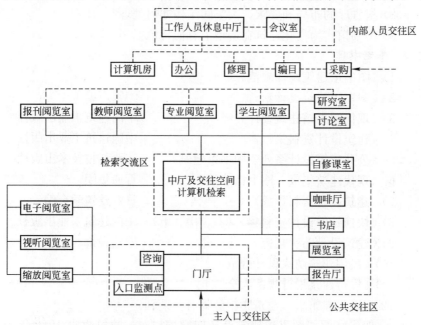

图书馆作为大学校园中精神文化交流中心，其可供休憩交往的开放性空间，越来越受到读者需要和注重，设计者应重视这方面的设计，并利用交往空间的中介功能连接各个图书馆功能空间。

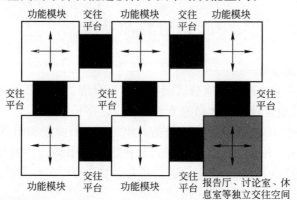

3.2.2 阅览与藏书空间组成与要求

图书馆最主要的功能空间为阅览空间与藏书空间。阅览空间一般位于各个相应的阅览室中，藏书空间通常一部分作为开架书布置于阅览室内，一部分使用频率较低的图书储藏于密集书库中。

(1) 阅览空间

- 阅览区域应光线充足、照度均匀，防止阳光直晒。东西向开窗时，应采取有效的遮阳措施。
- 不同的阅览室要根据其使用率和需要安静的程度进行布置，视听阅览室、电子资料阅览室对环境的安静程度要求不高，一般布置在较低的楼层。教师阅览室读者对象面较窄，对环境的安静程度要求又比较高，一般布置在较高的楼层。
- 报刊阅览室宜设在入口附近，便于闭馆时单独开放。
- 阅览区的建筑开间、进深及层高，应满足家具、设备合理布置的要求，并应考虑开架管理的使用要求，同时应有较大的楼面荷载。
- 阅览区宜根据工作需要在入口附近设管理(出纳)台和工作间，并宜设复印机、计算机终端等信息服务和管理设备位置。
- 阅览室内设开架书库一般采取下列方式布置：

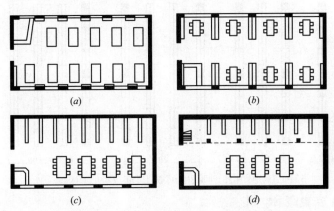

(a)周边式；(b)成组布置；(c)分区布置；(d)夹层布置

- 电子资料阅室是阅读馆藏和馆际间电子资料的阅览室，需要每座都配有电脑等电子阅览设备，电子资料阅览室内应设有电子资料管理室，并与阅览室之间有窗口或门进行联系。
- 视听资料包括录音片、幻灯片、影片及录像磁盘等。音像视听室由视听室、控制室和工作间组成。视听室座位数应按使用要求确定，每座位使用面积不应小于$1.50m^2$。应采取防止音、像互相干扰的隔离措施。

(2) 阅览室藏书空间

- 书库的结构形式和柱网尺寸应适合所采用的管理方式和所选书架的排列要求。为配合书架排放，框架结构的柱网宜采用1.20m或1.25m的整数倍模数，一般取开间为书架排列中心距的5～7倍较为合适。

- 书架宜垂直于开窗的外墙布置。
- 书库、阅览室藏书区净高不得小于 2.40m。当有梁或管线时，其底面净高不宜小于 2.30m。
- 二层及二层以上的书库应至少有一套书刊提升设备。四层及四层以上不宜少于两套。六层及六层以上的书库，除应有提升设备外，宜另设专用货梯。
- 书库走道人流活动参考尺度。

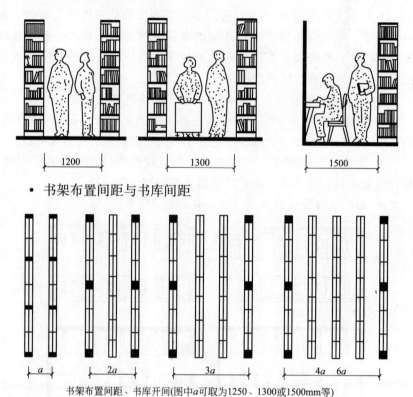

- 书架布置间距与书库间距

书架布置间距、书库开间(图中 a 可取为1250、1300或1500mm等)

（3）密集藏书空间

- 图书馆的使用率较低藏书一般以密集书库形式储藏，各馆可根据具体情况选择确定。
- 书库的荷载较大故一般布置在建筑的底层、地下层、或单栋布置在建筑的后方。

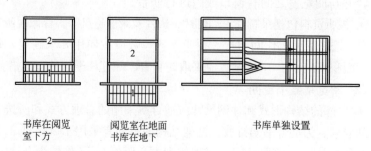

书库在阅览室下方　　阅览室在地面书库在地下　　书库单独设置

- 书库与阅览区的楼、地面宜采用同一标高。无水平传输设备时，提升设备（书梯）的位置宜邻近书刊出纳台。设备井道上传递洞口的下沿距书库楼、地面的高度不宜大于0.90m。
- 密集书库书架安排和人体活动尺寸。

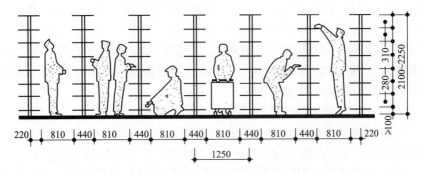

- 为了提高有效面积的比例，压缩交通面积，在设计时也可采用密集书架，将许多特制的书架紧密的排列在一起，只留出找书的通道，需要提取中间书架上的书籍时，就用手动或电动的移动设备将书架拉开。
- 现今密集书库也多采用开架借阅的形式，故为方便读者借阅也会设置少部分桌椅，为读者提供休息与短时间阅览的空间。

3.2.3 目录检索、出纳空间组成与要求

(1) 目录检索

- 目录检索现在多使用计算机终端目录，其靠近读者出入口，并与出纳空间相毗邻。如与出纳布置于一空间内，需有明确的功能分区。
- 目录检索室、出纳或门厅附近宜设咨询处，以便辅导读者查目录及解答读者提问。
- 在中小型图书馆中，也可不单设目录室，而将目录检索柜设与出纳空间或阅览室处。若图书馆规模较大也可在一定集中设置的基础上，将一部分目录检索分散布置各阅览室内。
- 目录检索空间如利用过厅、交通厅或走廊设置时，应避开人流主要路线。
- 目录检索空间内采用计算机检索时，每台微机所占用的使用面积按 $2.00m^2$ 计算。计算机检索台的高度宜为 0.78～0.80m。

(2) 出纳空间（借阅处）

- 中心（总）出纳台应毗邻基本书库设置，并宜临近竖向运书电梯或提升梯，出纳台与基本书库之间的通道不应有高差。
- 出纳台内工作人员所占使用面积，每一工作岗位不应小于 $6.00m^2$，工作区的进深当无水平传送设备时，不宜小于4.00m；当有水平传送设备时，应满足设备安装的技术要求。
- 出纳台外读者活动面积，按出纳台内每一工作岗位所占使用面

积的1.20倍计算,并不得小于18.00m²;出纳台前应保持不小于3.00m²的读者活动区。

• 出纳台兼有咨询、监控等多种服务功能时,应按工作岗位总数计算长度,长度按每一工作岗位平均1.50m计算,其宽度不应小于0.60m,外侧高度宜为1.10~1.20m;内侧高适合出纳工作的需要。

3.2.4 公共活动及辅助服务空间组成与要求

图书馆公共活动及辅助服务空间包括门厅、报告厅、陈列厅、读者休息处(室)、读者服务部、寄存处、饮水处及厕所等,可根据图书馆的性质、规模及实际需要确定。

• 门厅的使用面积可按每阅览座位0.05m²计算。

• 一般宜将公共活动用房(如演讲厅、陈列室等)靠近门厅布置,使用方便,并不影响阅览室的安静。如有条件,可单独设置出入口。

• 陈列空间可根据规模、使用要求分别设置新书陈列厅、专题陈列室或书刊图片展览处;可单独设置,也可将门厅、走廊兼作陈列空间,但应不影响交通组织;陈列室应采光均匀,防止阳光直射和产生眩光。

• 报告厅如临近阅览室时应注意噪声的隔离和处理,并宜设单独对外的出入口,以便报告厅能独立对外,避免人流干扰。300座位以上规模的报告厅应与阅览区隔离,独立设置。报告厅与主馆的位置关系如图。

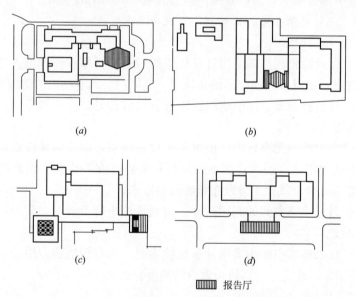

(a)报告厅在一端(河北省图书馆);(b)报告厅在业务用房与阅览区之间(广东中山图书馆);
(c)报告厅独立设置(四川大学图书馆);(d)报告厅在门厅上面(浙江大学图书馆)

• 报告厅应满足幻灯、录像、电影、投影和扩声等使用功能的要求;报告厅宜设专用的休息处、接待处及厕所;

• 300座以下规模的报告厅,厅堂使用面积每座位不应小于0.80m²,放映室的进深和面积应根据采用的机型确定。

- 读者休息处位置宜临近入口，或阅览空间内部，并结合部分讨论室布置，使用面积可按每个阅览座位不小于 $0.10m^2$ 计算。

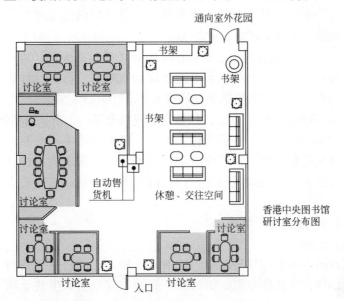

香港中央图书馆研讨室分布图

3.2.5 行政办公、业务及技术设备用房组成与要求

图书馆的业务用房包括采编、典藏、辅导、咨询、研究、信息处理、美工等用房；技术设备用房包括电子计算机、照相、静电复印、音像控制、装裱维修、消毒等用房。

- 采编用房位置应与读者活动区分开，与典藏室、书库、书刊入口有便捷联系；中小型图书馆的采编工作常在1~2个房间中进行，宜设在底层。
- 采编用房平面布置应符合采购、交换、拆包、验收、登记、分类、编目和加工等工艺流程的要求，①—④作为一阶段，统称为采访或采购，⑤—⑦为另一阶段，统称为编目或分编。

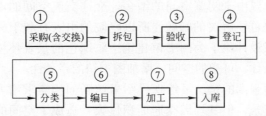

- 期刊采编部负责期刊的选定和合订本的登录、加工等工作。期刊的编目、典藏和流通可自成一独立系统，可以靠近期刊阅览室借阅台。

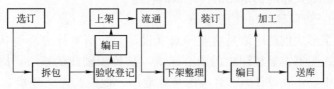

• 典藏室是掌握馆藏分布、调配、变动和统计全馆藏书数量的业务部门，凡编目加工完毕的图书全送往典藏室，由典藏室根据需要分配到各有关书库、阅览室等。故典藏室应靠近采编区，并且与有关书库有较便捷而不受干扰的交通路线。

• 计算机网络管理中心的机房应布置予建筑的中部，以利于线路布置，并不得与书库及易燃易爆物存放场所毗邻。机房设计应符合现行国家标准《电子计算机机房设计规范》GB 50174 的规定。

• 电子资料工作室，包括扫描室、资料室等，为电子资料的制作、购买、储藏提供空间；电子资料工作室应临近照相室；照相室内应有暗房等冲洗设备房间，其门窗应设遮光措施；冲洗放大室的地面、工作柜面和墙裙应能防酸碱腐蚀，门窗应设遮光措施，室内应有给、排水和通风换气设施。

3.2.6 造型设计特征

（1）开放性

高校图书馆不再只是藏书、借书的场所，它已转化为借阅与文化交流的场所。随着高校图书馆的对外开放，其成为师生甚至周边市民信息与知识获取和交流的平台，故其建筑也因体现开放性。可利用室内外空间的通透与交融，建筑形体的亲和与大气化设计，室内环境多元复合与舒适性等多方面设计手法来展现建筑的开放性。

（2）文化性

图书馆的造型往往被赋予科学技术和文化艺术综合发展的特征。其作为校园文化中心，建筑形象所体现的文化特性将成为校园文化的代表。因此，图书馆在体现其教育建筑特色之外，应在设计时挖掘校园特有的文化传统，并将其提炼成建筑符号，融入整体建筑设计中。

（3）庭院化

图书馆建筑由于阅览空间的增多，交往交流空间的需求，采光成为图书馆建筑首要解决的问题，所以庭院的引入有利于采光环境的改善，另庭院式设计除了为图书馆建筑增添绿色的景观环境外，还增加了图书馆的可休、可憩的空间，增加图书馆的亲和性。

另外值得强调的是，虽然现代图书馆随面积需求增大，出现部分高层图书馆建筑，但其均因交通面积过大，造成了空间的浪费；为满足采光、结构需求而采用的条形布局，使建筑空间布局缺乏灵活性，无法满足多元化建筑功能的需求，并难以布置家居，空间枯燥无味。故多层庭院式布局仍是图书馆建筑的首选。

（4）建筑与环境的相互影响

建筑形式创造应该是建筑师对其设计对象所处外界环境认真分析的结果。图书馆是校园中的中心建筑，是校园轴线的核心，周围环境的构图中心，其设计因综合考虑基地地形、地貌、人文环境、交通条件、基地方位形状等多方面的因素。除了与所处环境协调统一外，也要考虑到处于图书馆内所能看到的外部空间环境的美观性，故设计时应注意对周边环境的规划设计，提高环境质量，丰富环境景观。

（5）建筑技术化

图书馆作为公共性较强的建筑，建筑技术应用也会成为提供新的建筑造型不可忽略的手段。同学们应尝试使用新的结构形式、采光构件、遮阳设计构件，营造出开敞、明亮、有较强文化底蕴的现代图书馆建筑形象。

4. 参考图录

1）四川美术学院虎溪校区图书馆

建筑面积：14259m²

竣工时间：2008年

设计单位：深圳汤桦建筑设计事务所有限公司

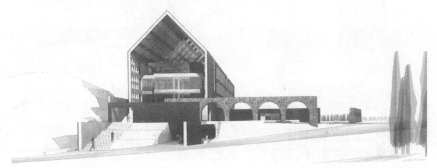

东入口透视

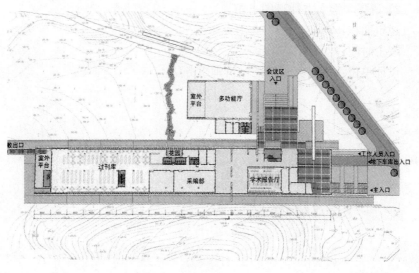

首层平面

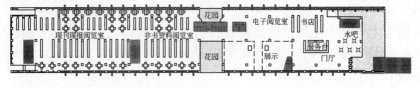

二层平面

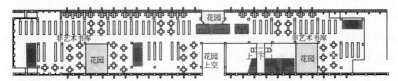

三层平面

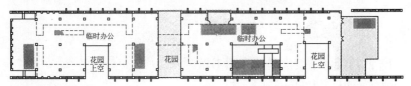

四层平面

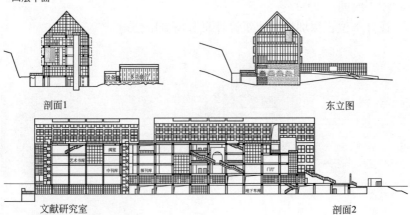

2) 清华大学人文社科图书馆

建筑面积：9298m²

竣工时间：2011年

设计单位：马里奥·博塔建筑师事务所

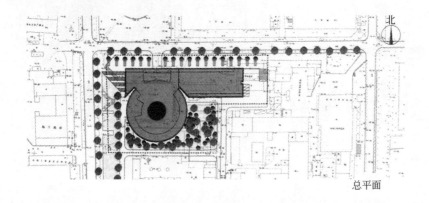

总平面

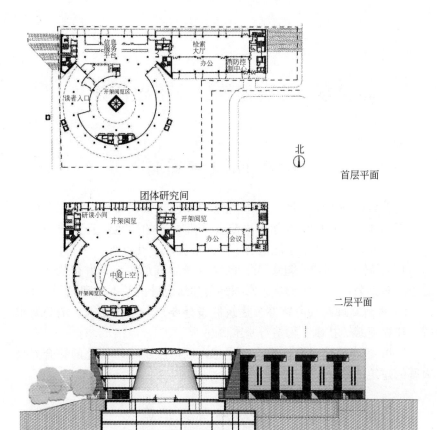

首层平面

二层平面

剖面

高层办公综合建筑设计指导任务书

1. 教学目的与要求

随着城市的不断发展，城市用地的日趋紧张，高层办公综合楼因其功能和体量，在城市空间中扮演着非常重要的角色，甚至成为地标性建筑。通过设计使学生能适当了解并掌握以下几点。

1) 了解国内外办公建筑设计的现状及发展趋势，了解智能化、生态技术对办公楼设计的影响，掌握办公建筑设计的基本原理。

2) 理解掌握高层商贸办公建筑的设计要点、结构要求、消防要求等，建立建筑、技术、构造等基本概念。

3) 要求建筑造型设计具有时代感，创造反映城市特色的综合办公大厦的建筑形象。

2. 设计任务书与教学要求

2.1 设计任务书

2.1.1 设计任务

某市某通讯集团公司近几年事业发展迅速，员工也不断增加，原有的办公楼已不能满足现有要求。为了适应规模扩大的需要，拟在城市高新技术开发区内兴建一座高层综合办公楼。

2.1.2 设计要求

（1）规划建筑退让道路红线详见地形图。当地日照间距系数为1.1。主导风向：夏季为南风，冬季为北风。

（2）总平面中应综合解决好功能分区、出入口、停车场、道路、绿化、日照、消防等问题。主入口设在南面，入口附近设20辆小汽车停车位和100辆自行车停放场地。

（3）主体建筑采用钢筋混凝土框架结构，耐火等级为二级，建筑高度不超过50m。

（4）地下一层为地下车库，要求停放小车20辆。一～二层为营业大厅，销售公司产品，采用集中式空调。三层及以上为公司办公楼，也可供出租使用（设计时考虑出租的灵活性）。空调采用分散式和集中式相结合，应考虑室外空调机组的隐蔽问题。

（5）建筑内设两台12人客梯，营业厅内设上、下行自动扶梯各一台。

2.1.3 面积分配与要求

总建筑面积控制在 12000m^2（按轴线计算，上下浮动不超过 5%），地下室面积计入总建筑面积内。

(1) 营业用房

- 营业厅：1000m^2，共两层，或局部两层，以经营通讯器材为主。
- 库房：200m^2，共两层。
- 卫生间：可分层设置，也可只设一层。男厕设 2 个坐便位，2 个小便斗；女厕设 2 个坐便位。
- 门厅、楼梯、电梯厅、自动扶梯等，面积自定。

(2) 办公用房

- 单元式办公：三层及以上，每层 2 套，包括接待室、秘书室、办公室、专用卫生间等，每套 80m^2。
- 小办公室：三层及以上，每层 3 间，每间 20m^2。
- 中办公室：三层及以上，每层 2 间，每间 40m^2。
- 大办公室：三层及以上，每层均设，不考虑隔断，合计 1000m^2。
- 会议室：三层及以上，每层 1 间，每间 60m^2。
- 多功能厅：400m^2，提供大型会议、讲座、节日活动需要。
- 卫生间：三层及以上，每层按办公人员男、女各 50 人计。
- 走道、楼梯、电梯厅等。

(3) 其他

- 地下车库：停放 20 辆小汽车，每个车位按 2.8×6m 计。
- 配电间：60m^2，设底层或地下室。
- 空调机房：60m^2，可设地下室或室外另建。
- 消防控制室：20m^2，设底层。
- 水泵房：60m^2，设地下室。
- 值班及保卫室：20m^2，设底层。

2.1.4 图纸内容及要求

(1) 图纸内容

- 总平面图 1：500（表现建筑周边环境、道路、绿化、停车位等）。
- 各层平面图（相同层可只画一个）1：200。
- 立面图（2 个）1：200。
- 剖面图（1 个）1：200。
- 建筑设计说明（设计意图、总图、流线、功能、造型等方面），技术经济指标。
- 彩色效果图（电脑绘制）。

(2) 图纸要求

电脑绘制，A1 图幅出图(594mm×841mm)。

2.1.5　用地条件与说明

（1）该项目西面、南面临城市干道，北面和东面为住宅区(临街为商住楼)，地势平坦。

（2）地形图见附图。

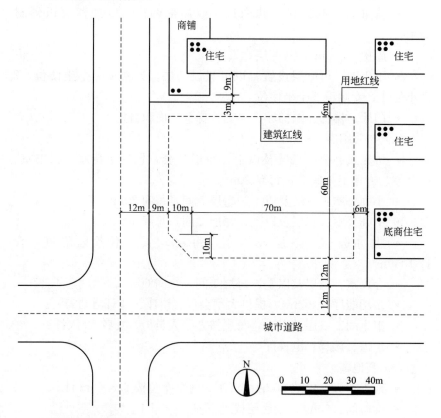

2.2　教学进度与要求

2.2.1　第一阶段

（1）理论讲课并下达设计任务。

（2）参观调研，收集资料。

2.2.2　第二阶段

（1）分析地形并确定总图布局。要求处理好建筑物与周围环境的关系。

（2）建筑平面组成、空间构成及建筑体型的初步完稿。绘制一草。

2.2.3　第三阶段

（1）在一草的基础上进行深化，将比例放大，修改平、立、剖面。

（2）绘制建筑透视草图，仔细推敲建筑形体。

2.2.4　第四阶段

电脑绘图，要求用 AUTOCAD、3DMAX、PHOTOSHOP 等程序完成一套完整的建筑图纸。

2.3 参观调研提要

1) 结合实例分析办公建筑平面组合有何特点，采取什么方式？单间办公室的舒适尺度应该是多少？

2) 如何处理建筑主次出入口与城市道路的关系？如何创造优美的室外环境？

3) 如何合理解决建筑内购物人流、办公人流、货流等几种不同的功能流线？

4) 建筑裙房部分营业厅的营业部分与仓储部分如何联系，是否便捷又隐蔽？

5) 标准层平面中电梯厅、楼梯间有什么布置特点？怎样满足消防要求？服务用房如何设置？

6) 地下车库的净高是多少？开间内停 2 辆车柱距为多少？停 3 辆车柱距为多少？车库内部的设备管道怎样设置？

7) 地下车库的坡道有什么特点？排水如何解决？

8) 建筑立面造型是否与周边的城市环境相协调？如果不协调，怎样进行改进？

2.4 参考书目

1) 翁如璧. 现代办公楼设计. 北京：中国建筑工业出版社，1995

2) 许安之，艾志刚. 高层办公综合建筑设计. 北京：中国建筑工业出版社，1997

3) 刘建荣. 高层建筑设计与技术. 北京：中国建筑工业出版社，2005

4) 童林旭. 地下汽车库建筑设计. 北京：中国建筑工业出版社，1996

5)《民用建筑设计通则》(GB 50352—2005)

6)《高层民用建筑设计防火规范(2005 年版)》(GB 50045—95)

7)《办公建筑设计规范》(JGJ 67—89)

8)《公共建筑节能设计标准》(GB 50189—2005)

9) 世界建筑、建筑学报、新建筑、A+U 等期刊有关文献、实例

3. 设计指导要点

高层办公综合建筑属大型公共建筑，建筑设计中需考虑建筑与周边环境的关系；功能组成、空间构成、流线组织；建筑形体设计；结构选型与布置；细部构造设计等问题。

3.1 总平面设计

1) 总平面布置应考虑办公建筑主体部分的良好朝向和日照，合理安排好设备机房、附属设施和地下建筑物。综合办公楼，宜根据使用功能不同分设出入口，组织好内外交通路线。

2) 高层建筑的底边至少有一个长边或周边长度的 1/4 且不小于一个长边长度，不应布置高度大于 5.00m、进深大于 4.00m 的裙房，且在此范围内必须设有直通室外的楼梯或直通楼梯间的出口。

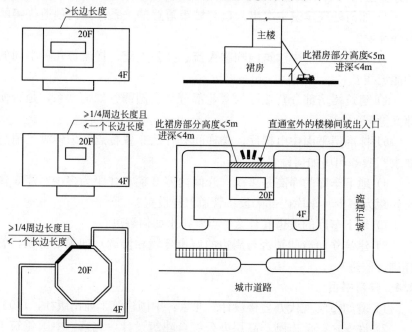

3) 高层建筑之间及高层建筑与其他民用建筑之间的防火间距，不应小于下表的规定。

高层建筑之间及高层建筑与其他民用建筑之间的防火间距(m)

建筑类别	高层建筑	裙房	其他民用建筑		
			耐火等级		
			一、二级	三级	四级
高层建筑	13	9	9	11	14
裙房	9	6	6	7	9

注：防火间距应按相邻建筑外墙的最近距离计算；当外墙有突出可燃构件时，应从其突出的部分外缘算起。

4) 高层建筑的周围，应设环形消防车道。当设环形车道有困难时，可沿高层建筑的两个长边设置消防车道。当高层建筑的沿街长度超过 150m 或总长度超过 220m 时，应在适中位置设置穿过高层建筑的消防车道，其净宽和净空高度均不应小于 4.00m。

5) 高层建筑应设有连通街道和内院的人行通道，通道之间的距离不宜超过 80m。

6) 高层建筑的内院或天井，当其短边长度超过 24m 时，宜设有进入内院或天井的消防车道。

7) 消防车道的宽度不应小于 4.00m。消防车道距高层建筑外墙宜大于 5.00m，消防车道上空 4.00m 以下范围内不应有障碍物。

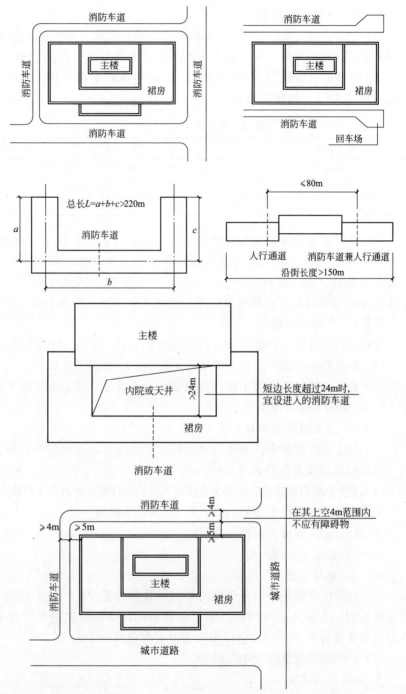

8)尽头式消防车道应设有回车道或回车场,回车场不宜小于15m×15m。大型消防车的回车场不宜小于18m×18m。

3.2 建筑设计

办公建筑应根据使用要求,结合基地面积、结构选型等情况按建筑模数选择开间和进深,合理确定建筑平面,并为今后改造和灵活分隔创造条件。

3.2.1 办公空间设计

（1）办公空间应考虑有良好的朝向和自然采光通风。小空间办公室、单面采光其进深不大于12m，双面采光的办公室进深不应大于24m。

（2）一般办公室采用3.6m开间及5.4m进深的平面尺寸，平面长宽比不超过2：1。净高通常要求不低于2.4m。

常用开间、进深及层高尺寸（mm）

尺寸名称	尺　　寸
开间	3000、3300、3600、6000、6600、7200
进深	4800、5400、6000、6600
层高	3000、3300、3400、3600

（3）会议室根据需要可分设大、中、小会议室。小会议室的开间、进深一般与办公室相同，大会议室按需要而定。会议厅、多功能厅等人员密集场所，应设在首层或二、三层；当必须设在其他楼层时，一个厅、室的建筑面积不宜超过400m²，而且安全出口不应少于两个。

3.2.2 交通空间设计

交通空间分为水平交通空间和垂直交通空间，设计时应注意以下两点：

（1）联系顺畅便捷，尽可能缩短行走距离，以提高工作效率。

（2）走道交通组织应满足防火疏散要求，并保证双面走道净宽不小于1.8m，单面走道净宽不小于1.5m。

3.2.3 卫生服务空间设计

（1）卫生间应设前室。各楼层卫生间位置应统一，以便集中安排上下水管道以及排气管道井。

（2）卫生洁具数量应按各层办公楼核定人员指标计算，并符合下列规定：

- 男卫每40人设大便器一具，每30人设小便器一具；
- 女卫每20人设大便器一具；
- 洗手盆每40人设一具。

3.2.4 电梯设置

（1）电梯应设置在进出建筑物时最容易看到的地方，一般正对出入口并列设置。为提高运行效率，缩短候梯时间，降低建筑造价，电梯应尽可能集中设置，一般将电梯组集中设置在建筑物中央。

（2）下列高层建筑应设消防电梯：

- 一类公共建筑。
- 高度超过32m的其他二类公共建筑。

（3）高层建筑消防电梯的设置数量应符合下列规定：

- 当每层建筑面积不大于1500m²时，应设1台。
- 当大于1500m²但不大于4500m²时，应设2台。
- 当大于4500m²时，应设3台。
- 消防电梯可与客梯或工作电梯兼用，但应符合消防电梯的要求。

(4) 消防电梯的设置应符合下列规定：
• 消防电梯宜分别设在不同的防火分区内。
• 消防电梯间应设前室，其面积不应小于 6.00m^2。当与防烟楼梯间合用前室时，其面积不应小于 10m^2。
(5) 消防电梯间前室宜靠外墙设置，在首层应设直通室外的出口或经过长度不超过 30m 的通道通向室外。
(6) 消防电梯间前室的门，应采用乙级防火门或具有停滞功能的防火卷帘。
(7) 消防电梯井、机房与相邻其他电梯井、机房之间，应采用耐火极限不低于 2.00h 的隔墙隔开，当在隔墙上开门时，应设甲级防火门。

3.2.5 安全疏散设计

(1) 高层建筑的安全出口应分散布置，两个安全出口之间的距离不应小于 5.00m。安全疏散距离应符合下表的规定。

安全疏散距离

高层建筑	房间门或住宅户门至最近的外部出口或楼梯间的最大距离(m)	
	位于两个安全出口之间的房间	位于袋形走道两侧或尽端的房间
办公楼	40	20

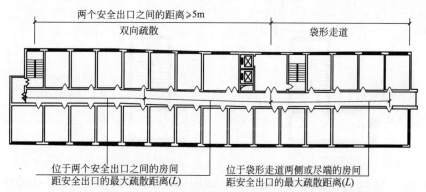

(2) 大空间办公室内任何一点至最近的疏散出口的直线距离，不宜超过 30m，其他房间内最远一点至房门的直线距离不宜超过 15m。
(3) 位于两个安全出口之间的房间，当面积不超过 60m^2 时，可设置一个门，门的净宽不应小于 0.90m。位于走道尽端的房间，当面积不超过 75m^2 时，可设置一个门，门的净宽不应小于 1.40m。
(4) 一类办公建筑和建筑高度超过 32m 的二类办公建筑，均应设防烟楼梯间。防烟楼梯间的设置应符合下列规定：
• 楼梯间入口处应设前室、阳台或凹廊。
• 前室的面积，公共建筑不应小于 6m^2，居住建筑不应小于 4.50m^2。
• 前室和楼梯间的门均应为乙级防火门，并应向疏散方向开启。
(5) 裙房和建筑高度不超过 32m 的二类办公建筑应设封闭楼梯间。封闭楼梯间的设置应符合下列规定：

• 楼梯间应靠外墙,应有直接天然采光和自然通风,当不能直接天然采光和自然通风时,应按防烟楼梯间规定设置。

• 楼梯间应设乙级防火门,并应向疏散方向开启。

• 楼梯间的首层紧接主要出口时,可将走道和门厅等包括在楼梯间内,形成扩大的封闭楼梯间,但应采用乙级防火门等防火措施与其他走道和房间隔开。

(6) 楼梯间及防烟楼梯间前室的内墙上,除开设通向公共走道的疏散门外,不应开设其他门、窗、洞口。

(7) 疏散楼梯间在各层的位置不应改变,首层应有直通室外的出口。疏散楼梯的最小净宽不应小于 1.20m。

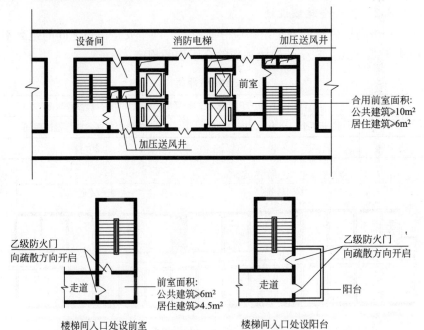

(8) 地下室或半地下室与地上层不应共用楼梯间,当必须共用楼梯间时,应在首层与地下或半地下层的出入口处,设置耐火极限不低于 2.00h 的隔墙和乙级的防火门隔开,并应有明显标志。

3.2.6 造型设计

建筑造型设计中应注意以下三点:

(1) 注重整体性。设计中对建筑轮廓要重点处理好式样、比例、尺度等关系,建筑细部处理避免繁琐的立面细部,以有利于塑造高楼的整体形象为主。

(2) 注重简洁性。以尽可能少的造型元素表达丰富的建筑内涵。

(3) 注重易识别性。可以从三方面着手:

一是建筑造型别具一格。建筑造型设计应做到丰富多彩,但又不能以牺牲技术经济的合理性为代价。

二是对顶部造型重点处理。高层建筑的顶部是竖向构图的终端,在造型中起着画龙点睛的作用，也是丰富城市天际轮廓线的重要手段，也往往是高层建筑可识别性的重要标志。因此，需要对顶部造型进行重点设计。

三是突出建筑的材质与色彩特征。

4. 参考图录

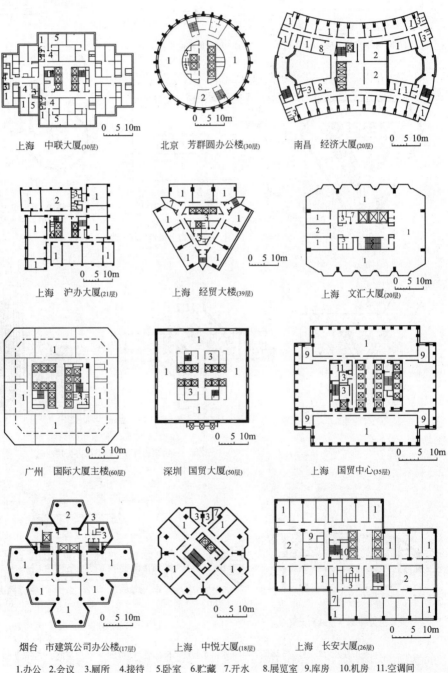

1.办公 2.会议 3.厕所 4.接待 5.卧室 6.贮藏 7.开水 8.展览室 9.库房 10.机房 11.空调间

注：本页图例均为标准层平面。

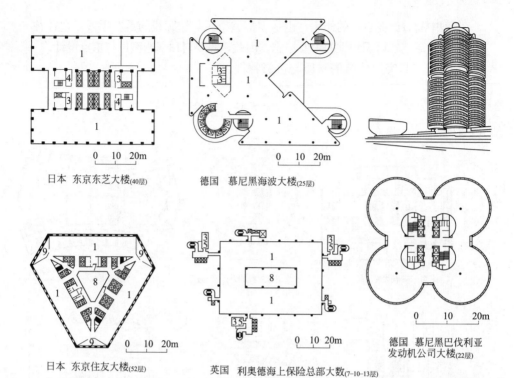

日本 东京东芝大楼(40层)

德国 慕尼黑海波大楼(25层)

日本 东京住友大楼(52层)

英国 利奥德海上保险总部大数(7-10-13层)

德国 慕尼黑巴伐利亚发动机公司大楼(22层)

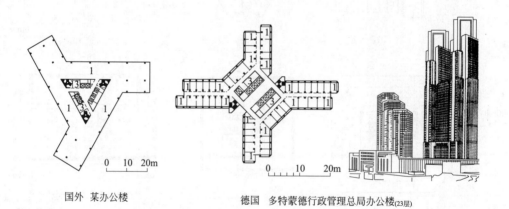

国外 某办公楼

德国 多特蒙德行政管理总局办公楼(23层)

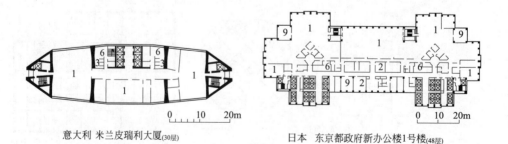

意大利 米兰皮瑞利大厦(30层)

日本 东京都政府新办公楼1号楼(48层)

1.办公 2.会议 3.厕所 4.开水 5.盥洗 6.衣帽 7.挑廊 8.多层空间 9.空调机房

注：本页图例均为标准层平面

步行商业街外部空间设计指导任务书

1. 教学目的与要求

1) 了解商业街外部空间要素的组成、空间形态的组织,掌握街道空间环境设计的要点,提供舒适宜人的外部空间,保证购物环境的安全舒适。

2) 掌握建筑群体空间的组织方法,学习街道、绿化、小品等要素的总体设计。

3) 重点学习并初步掌握步行商业街外部空间的组合方式、整体街景与立面设计,并处理好群体建筑毗邻的空间轮廓线,营造现代商业街道空间形态的魅力。

2. 设计任务书与教学要求

2.1 设计任务书

2.1.1 设计任务

拟定某市因为进行旧城改造,需要拓宽城市内一条南北向商业干道,拓宽后街道长 300m,宽 24m(其中人行道两边各 5m)。详见地形图(后附),地势平坦。

2.1.2 设计要求

(1) 拟建项目控制在建筑红线范围之内进行群体布置,考虑外部空间环境、城市景观和交通组织等。建筑物之间间距必须满足消防规范要求。

(2) 沿街建筑以 5~6 层为主,局部可为 10 层。建筑形体组合要求有变化,创造丰富多变的商业空间。

(3) 建筑形态不拘,可保持具有传统地域特色的街道形态,也可创造现代风格的建筑群体特色,但要求必须有和谐的空间氛围以及丰富的空间轮廓线。

2.1.3 设计内容

(1) 根据地形条件及长度,该步行商业街单侧可设置 5~7 幢建筑(道路两侧可设置 10~14 幢建筑)。本次作业要求整条步行街可由两位同学共同完成,每人负责道路一侧 5~7 幢建筑的设计,从而也要求两位同学共同商议讨论,进一步加强合作精神。一条街的两侧必须有机统一，有着不同的重点。

(2) 步行街南北两端分别为十字交叉路口，位于交叉路口的建筑需做一定意义上的处理。其一、二、三层可作商业用房，楼层可做出租性办公用房。

(3) 步行街中间的建筑底层或一二两层均为商业用房，其业态由同学讨论自定。楼层可设置旅馆、办公或公寓、住宅等不同用房。

(4) 整条街的建筑高度最高不得超过50m(重点建筑)，其余均为五～六层24m以下。

(5) 本次作业的重点为：有机处理各建筑的体形和各楼宇间的空间轮廓线，同时布置好步行商业街的街头家具及园林小品与休闲空间。

2.1.4 图纸内容及要求

(1) 图纸内容
- 总平面图1∶1000(表现街道空间组织、室外场地、景观小品)。
- 各建筑单体底层、标准层平面图1∶200。
- 沿街立面图(2个)1∶200。
- 主要剖面图(2个)1∶200；(主要建筑1个，普通建筑1个)。
- 设计说明(设计意图、造型等方面)、技术经济指标等。
- 彩色效果图(电脑绘制)。

(2) 图纸要求
- 电脑绘制，A1图幅出图(594mm×841mm)，可加长。

2.1.5 用地条件与说明

(1) 该用地位于某市中心地段改造中的一部分(第一期)，处于南北走向，长300m，宽24m。

(2) 该用地内拟改造成步行商业街，改造指挥部希望在该步行街内增开一列电动轨道小火车，供游人乘坐。

(3) 步行街两侧必须设置一定的街头家具和园林小品。

(4) 地形图见附图。

2.2 教学进度与要求

2.2.1 第一阶段

(1) 理论讲课——步行商业街设计的要点与要求。任务书的分析，并下达设计任务，课后进行参观调研。

(2) 地形分析，并确定步行街两侧建筑总图的布置，绘制一草。

2.2.2 第二阶段

(1) 有重点地确定各建筑物平、立、剖面图的关系。

(2) 绘制二草。

2.2.3 第三阶段

(1) 完善各建筑物的平、立、剖面图关系，并注意各建筑物毗邻间空间轮廓线的关系。

(2) 对于重点处理的建筑进行进一步修改和完善。

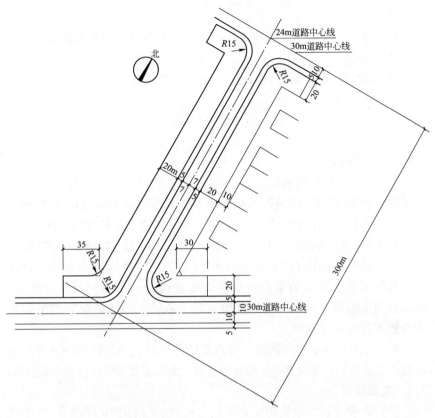

(3) 绘制必要的透视草图。

2.2.4 第四阶段

绘制正图(计算机绘图)。要求图线粗细有别,字体大小适中,效果图色彩和谐、效果逼真。

2.3 参观调研提要

1) 结合实例分析商业街外部空间组合有何特点?建筑与街道结合采用什么方式?

2) 商业街的车行道路与步行路线如何进行隔离?如何保证购物的安全与便捷?

3) 商业街的街道设施与景观环境小品是如何布置的?是否能满足顾客的需要?是否为顾客提供了一个舒适的休憩空间?

4) 步行商业街的空间类型怎样?街道长度、宽度分别为多少?街道空间宽高比是否宜人?是否可以吸引顾客在其中逗留购物?

5) 街道立面、天际轮廓线是否丰富?是否体现现代商业街道空间形态的魅力?

6) 商业建筑单体平面是怎样进行组合的?采取何种垂直交通方式?

7) 商业建筑的橱窗、顶棚和墙面、地面有什么特殊的建筑处理方式?

2.4 参考书目

1) 建筑设计资料集(第二版)·5·,北京:中国建筑工业出版

社，1994

2)《建筑学报》、《世界建筑》、《建筑师》等杂志中有关商业街设计文章及实例。

3) 王晓等. 现代商业建筑设计. 北京：中国建筑工业出版社，2005

3. 设计指导要点

3.1 总平面设计

（1）总平面设计是该步行商业街设计中较为核心的内容。首先要根据各建筑的规模业态（该规模与业态由学生或指导老师指定），合理确定各建筑物的大小与相对位置，结合地形，充分考虑并分析购物人群的各种心理和休闲方式，创造出良好的行为序列空间与步行街建筑的序列空间。

（2）根据任务书要求合理规划步行街主要空间的结构与形态。该课题地形较细长，街景的重点与高潮设置在何处？均由同学自行处理。可以是两头重的"哑铃"形式，也可是"杠铃"形式。良好的平面结构为建筑造型奠定基础。

（3）考虑平面结构的同时，请注意所有建筑是否均压红线建造？过分整齐会显单调，建议有一定的前后进退，为街道景观设计留出一定空间。

3.2 建筑设计

步行商业街在我国的历史并不长，自20个世纪70年代至80年代初相继出现，但发展趋势却很快，在我国各大城市都出现了。步行商业街根据步行化通行的程度可分为以下不同种类：

3.2.1 步行商业街的类型

（1）完全步行商业街——除了紧急情况下有消防车式救护车可通行外，其他车辆一律禁止通行，营业时间完全步行化。

（2）公交步行街——除了以上两种车辆外，还允许公共汽车进入，或商业街上特定的电动观光车通行，这类情况比较多。

（3）半步行街——分时段进行交通管制，根据不同情况，限时控制。例如上午10点～晚上9点一般车辆不得入内，或者双休日机动车不得入内等。

3.2.2 主要空间结构与形态

（1）现代步行街的空间结构一般特征是，以一个或几个大型商业设置为空间核心，其他商业服务设置按一定规律布置即可。

（2）根据任务书中的地形，该步行街很有可能设置为二个双核的"哑铃"形结构，另一种将重点向内移形成双核"杠铃"形结构，以及多核式结构。请各位同学进行一定的分析比较，从而选择你所需要的形式。

3.2.3 步行商业街中的公共卫生间

整条商业街中的公共卫生间，以化整为零的处理方法，每个同学在考虑一至二个大型商场时，必须将公共卫生间考虑进去，并且每层不得少于 50m²。步行街一侧必须设置两处公厕。

3.2.4 建筑造型设计

(1) 形体设计

步行商业街一侧至少有 5~7 幢建筑，这若干幢建筑应该把它看成一个整体，同时还需考虑到街道另一侧 5~7 幢建筑的关系，它们都是整体建筑群中的一员。就像音乐一样，它有一个主旋律，围绕主旋律各自发挥不同的音符高低变化。

步行商业街十四、五幢建筑哪个建筑为重点，哪个建筑为一般或过渡，这都需要我们二位同学好好考虑。既要有单体建筑的个性，又不失整体空间的变化，运用形式美的基本规律，真正做到主次分明，有机结合，高低起伏，统一变化。

(2) 造型风格

确定步行街的风格涉及诸多因素，如城市风貌、历史文脉、周边环境等，而该课题为了让同学有更丰富的想象空间，这诸多的因素由同学自定。经过两位同学认真分析讨论，从而确定其建筑的风格。

目前，我国步行商业街的风格主要有以下几种：

- 仿古式——有中式仿古式和西洋仿古式；
- 现代式——简洁明快，体块感强，并充分运用现代新型建筑材料。
- 改良式——在现代造型设计的基础上，穿插一定传统建筑的特征与符号，既有现代建筑的大气，又不失传统建筑的神韵。
- 地方特色式——随着地域、文化、气候的不同，其建筑物的造型风格也会有很大的差异。在我国，不同民族文化的不同，地域气候的差异，其建筑的造型特点也不同。

这几年也有不少商业街仿造某些国外不同的地域文化，设计成不同风格的建筑形式，如仿以赖特为代表的"草原风格"的建筑风格，也有仿西班牙"地中海"式的建筑风格，以及"东南亚"风情的建筑风格。

不同地域风情的建筑风格确实能令人耳目一新，购物的同时尽情享受异国他乡的人情风貌，从而唤起人们的购物情趣和购买欲望。

3.2.5 无障碍设计中的若干要点

该课题考虑无障碍设置有以下几点：

(1) 整条步行街街道两侧必须考虑盲道的铺设。

(2) 商店内外以及景观小品间凡地面有高差处，必须设置轮椅坡道，其坡度不得大于 1:12。

(3) 所有单体建筑凡商业公共部位，其设施中都必须考虑残疾人专用位。

3.2.6 商店营业厅设计的若干要点

(1) 平面设计要求柱网清晰，并符合经济与模数要求。

(2) 商店营业厅的每一防火分区安全出口数目不应少于两个；营业厅内任何一点至最近安全出口直线距离不宜超过 20m。

注：小面积营业室可设一个门的条件应符合防火规范的规定。

商店营业厅的出入门、安全门净宽度不应小于1.40m，并不应设置门槛。

（3）营业部分的公用楼梯、坡道应符合下列规定：

• 室外楼梯的每梯段净宽不应小于1.40m，踏步高度不应大于0.16m，踏步宽度不应小于0.28m。

• 室外台阶的踏步高度不应大于0.15m，踏步宽度不应小于0.30m。

• 供轮椅使用坡道的坡度不应大于1∶12，两侧应设高度为0.65m的扶手，当其水平投影长度超过15m时，宜设休息平台。

• 大型商店营业部分层数为4层及4层以上时，宜设乘客电梯或自动扶梯；商店的多层仓库可按规模设置载货电梯或电动提升机、输送机。

（4）营业部分设置的自动扶梯应符合下列规定：

• 自动扶梯倾斜部分的水平夹角应等于或小于30°。

• 自动扶梯上下两端水平部分3m范围内不得兼作他用。

• 当只设单向自动扶梯时，附近应设置相配的楼梯。

（5）大型百货商店、商场建筑物的营业层在5层以上时，宜设置直通屋顶平台的疏散楼梯间不少于2部，屋顶平台上无障碍物的避难面积不宜小于最大营业层建筑面积的50%。

4. 参 考 图 录

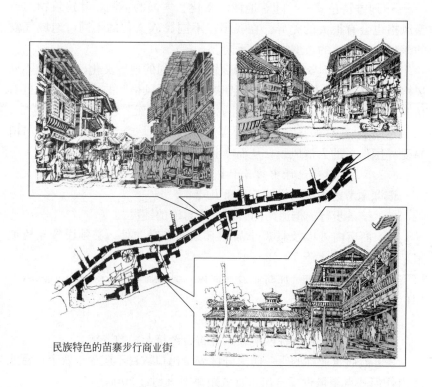

民族特色的苗寨步行商业街

国际学术交流中心建筑设计指导任务书

1. 教学目的与要求

通过国际学术交流中心设计使学生能适当了解并掌握以下几点。

1) 对大型公共建筑的功能有全面了解，培养综合构思能力，主要有①解决复杂功能与多流线之间关系的能力；②大中型建筑复杂的形体组合能力；③运用计算机模型辅助设计的能力；④运用计算机辅助设计表达的能力。

2) 熟练运用建筑技巧，合理排布使用空间、辅助空间、交通空间，训练学生复杂空间的设计、组合能力。

3) 掌握特定建筑中特定使用者的行为心理，以及由此产生的对功能、空间、造型等的各项要求。

4) 通过设计更深入地认识环境对建筑的影响。培养分析用地的方位、气候特点、周边的道路交通条件、周边景观环境，建筑环境等的能力，培养特定地域建筑造型与文脉切合的能力，最终寻求出基于对环境条件的分析而获得建筑构思特色的机会。初步形成场地设计的概念。

5) 在建筑设计中进一步了解建筑规范和建筑技术的概念。

2. 设计任务书与教学要求

2.1 设计任务书

2.1.1 设计任务

因发展需要，某理工大学拟在校园临城市道路边上，兴建一座规模约为 1.3 万 m^2 的按照四星级商务酒店标准设计，配置集餐饮、客房、会务于一体的国际学术交流中心。其目的主要为承办校内各种国际学术会议、会务及交流活动、教育展览活动及对周边风景旅游区提供对外宾馆服务等。

2.1.2 设计要求

（1）解决好总体布局。包括功能分区、学术交流流线、住宿流线、宴会厅流线、后勤服务流线等问题。并在合理的功能流线基础上，创造良好的空间关系。建筑造型应与当地建筑文脉有所呼应。

（2）了解高级宾馆建筑的特点。

(3) 建筑具有一定的地标性，主楼高度应大于24m。

2.1.3 面积分配与要求

项目用地面积：15445m^2，主楼地上总建筑面积：10000～13000m^2。功能分为：公共经营区、学术交流区、客房区、行政后勤区、辅助设备区。

(1) 公共经营区

• 前厅：包括大堂、总服务台(含贵重物品保管间)、礼宾部(含行李房)、大堂副理、大堂吧、商务中心、西饼屋、精品商店。总面积约：1200m^2。

其中：大堂：门厅、休息厅及公共交通空间相结合。面积：600m^2。

总服务台(含贵重物品保管间)：20～30m^2。

礼宾部(含行李房)：临近大堂，宜设置于总服务台旁。面积：80m^2。

大堂副理：临近大堂和总服务台，方便接谈投诉及监督。面积：6m^2。

大堂吧：临近门厅和休息区，面积：300m^2。

商务中心：位置应方便顾客咨询和使用，配备网络、计算机等，有打印机等大型仪器。面积：80m^2。

精品商店：宜靠近休息区。面积：80m^2。

• 大宴会厅：一个可容纳500人用餐的大宴会厅，约600m^2。通常不小于40m×24m(可布置60个标准桌)，净高6m以上。宴会厅需设前厅。

• 中餐：2个约80m^2 VIP包间、4个40m^2 VIP包间(包间带卫生间)。面积：500m^2。

• 中厨房：门厅、休息厅及公共交通空间相结合，面积：600m^2。

• 西餐厅：餐位150个，面积约：500m^2。

• 西厨房：西厨房300m^2 仓库100m^2，留足公共区域。

• 卫生间若干：应隐蔽，又使用方便，易于需找。面积：60m^2。

(2) 学术交流区

• 会议场所：一个500m^2学术会议厅，附设前厅。一个200m^2中会议室(用移动隔断可分割为2个会场使用)，一个100m^2中会议室，三个50m^2小会议室，留足公共区域(休息厅、咖啡区等)。

(3) 客房区

• 套间：套房10个，其中4开间1套、3开间1套、2开间7套。房间(8.4m×7.8m)，阳台(4.2m×2m)套间常设在走廊的端部或建筑的转角处。每间客房需有独立的卫生间。

• 单人间：50间单人。4.2m×7.8m。

• 标间：标准房约120个；房间(4.2m×7.8m)，阳台(4.2m×2m)，标准客房实际使用面积控制在22m^2内(不含卫生间及走道面积)。

(4) 行政后勤区（要求设行政楼层）
- 行政会议室：要求配卫生间。面积：60m²。
- 办公室：面积：120m²。
- 行政酒廊：面积：200m²。
- 布草间：相邻用品间，临近货梯。面积：20m²。
- 酒店用品间：临近货梯，相邻布草间。面积：20m²。
- 库房：靠近后勤入口，临近布草间和用品间。面积：200m²。
- 安全保卫室：临近公共空间。面积：15m²。
- 员工就餐区：餐位100个。面积约：130m²。
- 员工培训室：员工会议和再培训。面积：60m²。
- 员工更衣室：供员工休息、更衣等。面积：150m²。
- 员工卫生间：满足员工人数的使用。面积：30m²。

(5) 辅助设备区
- 电梯若干：客梯与员工梯需分开，货梯单独设。主要客梯厅净宽达到4m左右较为合适。电梯厅应布置在从酒店入口或前台登记处视线可直接到达的地方。
- 供电供水设备房：隐蔽，面积：100m²。
- 中央空调控制房：隐蔽，面积：60m²。
- 通讯设备房：面积：30m²。
- 各类机房：面积：60m²。
- 通道：要求人流通道与物流分开、客人通道与员工通道分开，互不交叉。
- 停车位：满足规划要求，其中旅行大巴车位应不少于5个。

2.1.4 图纸内容及要求

(1) 图纸内容
- 总平面图 1：300～500（全面表达建筑与原有地段的关系以及周边道路状况）。
- 首层平面图 1：100（包括建筑周边绿地、庭院等外部环境设计）。其他各层平面及屋顶平面图 1：100 或 1：200
- 立面图（2个）1：100
- 剖面图（1个）1：100
- 透视图（1个）或建筑模型（1个）
- 表达所需要的功能分析、流线分析等，及室内外小透视（可选）。

(2) 图纸要求
- A1图幅出图（594mm×841mm）。
- 需用电子化出图，熟悉相关软件使用。

2.1.5 用地条件与说明

该用地位于某理工大学拟在校园临城市道路边上，地形图见附图。

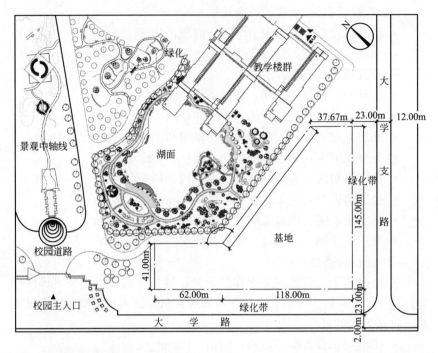

2.2 教学进度与要求

2.2.1 第一阶段

(1) 理论讲课——酒店建筑的设计要求与要点,任务书的分析、并下达设计任务,课后进行参观调研。

(2) 分析地形并确定总图布局。绘制一草。

2.2.2 第二阶段

(1) 建筑形体的组合设计,确定平、立、剖面图的关系。

(2) 绘制二草。

2.2.3 第三阶段

(1) 完善平、立、剖面图,并绘制建筑透视草图。

(2) 设计说明。

2.2.4 第四阶段

绘制正图。

2.3 参观调研提要

1) 参观前以小组为单位自行提出设想问题,可根据建筑中不同的使用人群(顾客、工作人员等)制定调查问卷。

2) 经全班同学共同讨论,确定具有代表性的问题题目,制定最终问卷。问卷题目约30个。

3) 对所参观酒店、会议中心等做出各种分析如下。

地形分析—建筑与基地的关系;入口位置的选择等。

功能关系分析—泡泡图及方块图表示。

流线分析—分析顾客,工作人员行走路线。

空间分析——各空间的联系方式；室内外空间的过渡；大小空间的组合方式；动静空间的分区及联系；如何组织、变化、活跃空间等。

立面分析——立面的比例关系和造型元素、色彩元素等。

材质分析——如何获得特定建筑高雅高档的氛围。

2.4 参考书目

1)《高层建筑防火规范》GB 50045—95
2)《旅馆建筑设计规范》JGJ 62—90
3)《建筑设计资料集》第6册，停车场部分
4)《公共建筑设计原理》 中国建筑工业出版社 张文忠编著（系图 TU 242）
5)《公共建筑设计图集》 中国建筑工业出版社 朱德本编著．（系图 TU 242—64）
6)《公共建筑设计基础》 南京工学院出版社 鲍家声，杜顺宝编著（系图 TU 242）
7)《酒店设计与策划》 中国建筑工业出版社 孙佳成编著（系图 TU 247.3）

3. 设计指导要点

本学术中心基本由两个部分组成，一为学术报告部分，二为星级宾馆部分。学术报告部分应有独立出入口及前厅，与校内联系紧密，同时与星级宾馆应有有机联系，彼此交通便利。而星级宾馆部分应以交通组织为切入点，功能不同的交通组织方式将星级宾馆部分分为既独立又相互联系的两部分：公共部分（简称"前馆"）往往是一座宾馆的形象、品质的表征，也占其投资金额的主要部分，因此常常被建筑师所重视，成为设计重点；而宾馆的服务管理部分（简称"后馆"）的组织主要脱胎于宾馆的经营管理模式。由于专业的限制，这一部分往往不被建筑师所重视。其实，后馆部分是宾馆高速运营的保障，应做到流线合理通畅，且应有独立的后勤出入口与城市道路连接。公共空间的舒适性和易识别性，管理组织的便捷性和有序性是酒店经营的目标和保障。

3.1 总平面设计

1) 根据任务书要求分析四周道路情况，分析顾客的来源方向，合理布置好建筑的主入口。酒店宜在酒店入口设置停车场，员工通道单独设置对外出入口。

2) 主入口应结合主要人流、机动车流布置入口广场，并与周边景观协调，建筑退红线应满足规划要求并满足相关技术规范要求。营造优美的外部环境，创造舒适宜人、富有文化内涵的外部空间。应考虑到各个不同性质的人流（住宿、宴会、学术会议等）出入口并在总平面上

有所体现。

3.2 建筑设计

3.2.1 主要使用空间设计

（1）首先，确定公共经营区、学术交流区、客房区、行政后勤区、辅助设备区五大功能之间的位置和关系，环境和建筑体之间的关系。

（2）根据宾客活动流线，员工办公流线，后勤物流进出流线，再细分五大功能关系中各个功能用房的排布关系。理解垂直交通和水平交通之间的联系。本学术交流中心因有一定的特殊性，还应考虑会议中心部分的流线。

（3）丰富合理的空间能提升酒店的功能和空间效果。

3.2.2 辅助使用空间设计

辅助使用空间分为行政后勤区和辅助设备区两大部分。

（1）首先，分析辅助空间与主要空间的关系，并安排好各自相应的位置。

（2）行政后勤区应有一定独立性，但应与其余后勤及辅助用房联系紧密，流线顺畅。办公用房，酒廊和会议室宜相邻设置，与后勤和设备区应有适当距离。库房宜设在建筑物的后勤出入口处。

3.2.3 交通空间的设计

门厅、过厅、廊道等均属于交通空间，平面组合时尽最大努力处理好连接各使用空间的交通关系，确保交通流线顺畅，避免不同流线的交叉，同时，满足消防安全与疏散便捷的要求。

公共建筑交通应满足以下要求：

- 建筑楼梯梯段的最佳坡度高宽比为 1∶2。楼梯段部位净高≮2.20m，楼梯平台部位净高≮2.00m。

- 疏散楼梯间入口处应设前室、阳台或凹廊。前室的面积不应小于 $6.00m^2$，前室和楼梯间的门均应为乙级防火门，并应向疏散方向开启。楼梯间应靠外墙，并应直接天然采光和自然通风，当不能直接天然采光和自然通风时，应按防烟楼梯间规定设置。

- 电梯厅应布置在从酒店入口或前台登记处很容易看到的地方。还应该考虑电梯厅在客房层的位置，最好把电梯设在走廊的中部，使旅客向任何方向行进的距离总和最短。

- 建筑内的餐饮，健身中心，大型会议应设在首层或二、三层，宜靠外墙设置。

- 走廊的设计要点是避免使旅客产生狭长的感觉。为此，可以采用添加局部照明和装饰的手法来处理。常见的一种做法是把相邻的客房走道和卫生间两两分组，走廊两边相对的两组卫生间外墙之间的走廊净距满足 1.8m 即可；客房门相对的走廊净距要在 2.2m 以上。这样，通过加大 4 组房门外走廊的距离，就会在每 4 间客房之间形成过厅。

- 应熟知《高层建筑防火规范》。

3.2.4 造型设计

本学术交流中心地理位置可由学生自由设定于我国具有较强地域风格建筑的区域（如四川、浙江、安徽、山西、岭南等），建筑应具有一定的区域标志性，应以现代建筑造型手法为主，同时具有当地地域建筑风貌，为新地域风格现代建筑。

4. 设计实例

厦门大学学术交流中心（逸夫楼），福建省厦门市，中国，设计者：黄仁

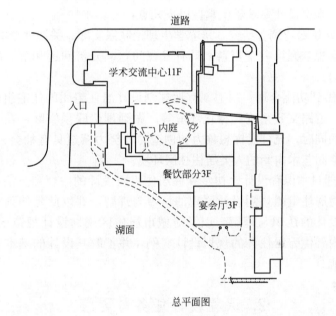

总平面图

东南向透视

住区组团规划设计指导任务书

1. 教学目的与要求

住区是城乡居民定居生活的物质空间形态，是关于各种类型、各种规模居住及其环境的总称。居住组团是构成居住区、居住小区的基本元素。本次设计要求学生掌握以下几点：

1）通过专业调查研究，培养学生理论联系实际、关注社会的意识，使学生重视掌握第一手资料，具有发现问题、分析问题和解决问题的基本能力。

2）做到功能合理、因地制宜地规划设计居住组团的住宅组群、公共设施、道路交通系统和绿化环境等。做到理论联系实际，在兼顾经济效益的同时，充分发挥想象力和创造力，努力营造具有社会、经济、历史、空间艺术内涵的人类居住社区环境。

3）通过本课程设计，初步掌握居住组团设计的内容和方法，巩固和加深对居住组团规划设计原理的学习与理解，并以此延伸到对居住区规划设计的认识与理解，以及对城市居住区规划设计规范的了解；学习国内外优秀居住区的规划设计实例，并了解其设计的基本手法和设计技能。

2. 课程设计任务与要求

2.1 设计任务书

2.1.1 设计任务

规划用地1号、2号地块位于某山水园林城市，1号地块用地面积约为1.01ha，2号地块用地面积约为1.40ha，地形图见后，选其中任意一块地块进行设计。

要求结合该城市创建山水园林城市的目标，按照国家有关居住区规划设计规范，设计成一个环境优美、生活方便、空间丰富、交通便利、经济实惠的现代化住区。

设计适宜的住房类型，适宜的住宅组群。住宅应功能合理，有良好的朝向和自然采光、通风条件。住宅组群应合理，并富有特色。户型设计以多层(6层)为主，建筑形式应贯彻与周围建筑协调一致、丰富美化城市景观要求的准则。在顺应房地产市场的同时还要能够导引房地产市场需求，帮助人们形成新生活理念、新思维。

2.1.2 规划设计要求

(1) 贯彻统一规划、合理布局、因地制宜、综合开发、配套建设的原则，提出居住区规划的结构分析图，包括用地功能结构、道路系统及交通组织、绿地系统和空间结构等。

(2) 分析并提出组团内部居民的交通出行方式。出入口不得少于2个。必要时，步行、车行出入口可分开设置。

(3) 住宅小区内的道路交通系统一般可分成三级：居住小区级路（路面宽为6~9m），地形中已规划的1号、2号地块之间的小区道路宽度为7m；住宅组团级路（路面宽为3~5m,）；宅间小路即宅前小路（路面宽不宜小于2.5m），另可布置步行道。各级道路应相互衔接，形成系统。确定道路平面曲线半径，结合其他要素并综合道路景观的效果。选定走向与线型，绘出若干典型道路横断面图。

(4) 确定停车场的类型、规模和布局。停车位建议按不少于住户的80%配置。

(5) 住宅组群应合理，并富有特色。住房建筑原则上以多层为主，建筑形式应贯彻与周围建筑协调一致、丰富美化城市景观要求的准则。

(6) 分析并确定居住区公共建筑的内容——会所等；确定公建的规模和布置方式，表达其平面组合体型和室外空间场地的设计构思。公共建筑的配置应结合当地居民生活水平和文化生活特征。

(7) 绿化系统规划应层次分明，概念明确，与居住区功能和户外活动场地统筹考虑。

(8) 总体布局中应适当考虑电力、电信、邮电、给水排水、燃气等设施的布局。确定环境卫生设施（如垃圾收集站点、公共厕所等）、变电室（箱）及污水处理等居住区内市政公用设施的位置。

(9) 应在基地现状全面分析的基础上，结合本地的自然环境条件、居住对象、历史文脉、城市景观及有关技术规范等方面因素进行规划构思，提出体现现代居住区理念和技术手段的、优美舒适的、有创造性的设计方案。

(10) 住宅日照间距不小于1∶1.1(或根据当地日照要求进行)；绿地率不低于35%；容积率视方案特色定，建议控制在0.8~1.2左右；建筑密度原则上不低于25%。如需要设置人防，其人防设施面积按总建筑面积的2%进行配设。

2.1.3 建筑设计要求

本课题主要对各种类型住宅进行方案设计。要求：

(1) 住宅户型灵活，大、中、小户型结合，其中小户型占20%，中户型占50%，大户型占30%。小户型每户建筑面积控制在80~100m^2，中户型每户建筑面积控制在100~120m^2，大户型每户建筑面积控制在 120~140m²。

(2) 户型设计要求做到四明，即：卧室、客厅、厨房、厕所要做到直接采光。对于一套户型内有两个厕所的允许其中一个为暗厕。

(3) 宜采用一梯两户，层高不宜低于 2.7m，宜采用坡屋顶。

2.1.4 图纸内容及要求

(1) 图纸内容

- 居住组团详细规划总平面图 1：1000。

图中应标明：用地方位和比例，所有建筑和构筑物的屋顶平面图，建筑层数，建筑使用性质，主要道路的中心线、道路转弯半径、停车位（地下车库和建筑底层架空部分应用虚线表示其范围）、室外广场、铺地的基本形式等。绿化部分应区别乔木、灌木、草地和花卉等。

- 规划结构分析图 1：2000。

应全面明确地表达规划的基本构思，用地功能关系和社区构成等，以及规划基地与周边的功能关系、交通联系和空间关系等。

- 道路交通分析图 1：2000。

应明确表现出各道路的等级，车行和步行活动的主要线路，以及各类停车场地、广场的位置和规模等。

- 绿化景观系统分析图 1：2000。

应明确表现出各类绿地景观的范围、功能结构和空间形态等。

- 住宅单体平面图、立面图、剖面图 1：200。

图中应注明各房间的功能和开间进深轴线尺寸。并应注明主要技术经济指标。不同类型住宅均应进行设计。

- 整体鸟瞰图或透视图（彩色效果图）。
- 居住小区规划设计说明、规划设计指标。

基本指标：总用地面积(ha)、居住总人口(人)、总户数(户)、人口密度(人/ha)、停车率(辆/百户)、住宅平均层数(层)、住宅建筑总面积(m²)、公共建筑总面积(m²)、容积率、建筑密度(%)和绿地率(%)等。

居住小区规划用地平衡表

用地类型	面积(ha)	人均面积(m²/人)	占地比例(%)
住宅用地			
公建用地			
道路用地			
公共绿地			
总计			100

主要技术经济指标

项目		单位	指标
总用地面积		ha	
总建筑面积		万 m³	
其中	住宅建筑面积	万 m³	
	共建建筑面积	万 m³	
建筑密度		%	
容积率		万 m²/ha	
绿地率		%	
停车率		%	
停车位		辆	
其中	地面停车位	辆	
	地下停车位	辆	
居住总户数		户	
居住总人数		人	
户均人口		人/户	
人口密度		人/ha	

（2）图纸要求

电脑绘制，A1 图幅出图（594mm×841mm）。

2.1.5 用地条件与说明

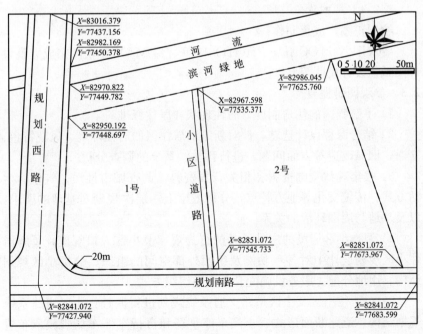

地形图

规划用地详见地形图，1号地块用地面积约为1.01ha，2号地块用地面积约为1.40ha，用地地势平坦，北邻一条宽约10m的河流，滨河绿地宽度为20m。其中，规划西路宽30m，规划南路宽20m，1号、2号地块之间住宅小区道路宽7m，建筑后退5m。

2.2 教学进度与要求

本课程设计含社会调查总时间为16周。

2.2.1 第一阶段

（1）布置题目及调查要求，收集资料。

（2）收集资料、熟悉用地现状，方案构思，完成相关调查内容及第一次草图。

要求初定路网，确定用地布局。

2.2.2 第二阶段

（1）设计指导，方案完善，完成第二次草图。

要求合理布置住宅建筑，适当调整路网，完善方案。

（2）设计指导，方案完善，完成第三次草图。

要求设计或选择户型平面、立面、剖面，并合理组合，从而进一步调整总平。

2.2.3 第三阶段

（1）介绍各自方案，公开点评，互相交流。

（2）设计指导，方案完善，完成正草。

要求布置好小区公建建筑、配套服务设施、景观、绿化等，计算小区主要技术经济指标及用地平衡表。

2.2.4 第四阶段

绘制正图，成果制作。

要求用AUTOCAD、PHOTOSHOP、3DMAX等软件完成完整设计图纸与设计说明等。

2.3 参观调研提要

1）了解我国的住房制度，居住现状和居住标准。

2）结合课程设计选题，针对新、旧居住区的居住环境、风貌特色、交通、旧城改造等方面问题，进行科学、系统的调查分析。

3）收集现状基础资料和相关背景资料，调查城市性质、气候、生活方式、传统文化等地方特点，分析城市上一层次规划对基地的要求，以及基地与周围环境的关系。

4）调查小区居民的户外活动的行为规律及小区人口规模，了解居住小区规划设计中对各项功能及组团外部空间的组织。分析小区规划结构、用地分配、服务设施配套及交通组织方式。

5）对居住小区及小区道路交通系统规划进行调查：小区道路系统规划结构、道路断面形式、小汽车停车场和自行车停车场规模、布置形式。

6）调查居住小区的住宅类型及住宅组群布局：小区住宅设计是否具有合理的功能、良好的朝向、适宜的自然采光和通风，如何考虑住宅节能；住宅组群布局如何综合考虑用地条件、间距、绿地、层数与密度、空间环境的创造等因素，营造富有特色的居住空间。

7）调查居住小区公共建筑的内容、规模和规划布置方式。公共建筑的配套是否结合当地居民生活水平和文化生活特征，并方便经营、使用和为社区服务；公共活动空间的环境设计有什么特色。

8）调查居住小区绿地系统、景观系统规划设计。如何进行环境小品设计，创造适用、方便、安全、舒适且具有多样化的居住环境。如何安排公共绿地及其他休闲活动地，包括居住小区的中心绿地和住宅组群中的绿化用地，以及相应的环境设计。

9）调查老年人，残疾人的生活和社会活动所需条件。

2.4 参考书目

1）邓述平、王仲谷. 居住区规划设计资料集. 北京：中国建筑工业出版社，1996

2）周俭. 城市住宅区规划原理. 上海：同济大学出版社，1999

3）朱家瑾. 居住区规划设计. 北京：中国建筑工业出版社，2000

4）王受之. 当代商业住宅区的规划与设计——新都市主义论. 北京：中国建筑工业出版社，2004

5）城市居住区规划设计规范. GB 50180—93(2002年版)

3. 设计指导要点

3.1 道路系统

3.1.1 住区道路的分级

居住区的道路通常可分为四级，即居住区级、居住小区级、居住组团级和宅前小路。

(1) 居住区级道路

居住区级道路为居住区内外联系的主要道路，道路红线宽度一般不宜小于20m，车行道一般需要9m，如考虑通行公交车时应增加至10～14m。人行道宽度一般在2～4m左右。

(2) 居住小区级道路

居住小区级道路是居住小区内外联系的主要道路，路面宽度一般为6～9m；建筑控制线之间的宽度，需敷设供热管线的不宜小于14m，无供热管线的不宜小于10m。

(3) 居住组团级道路

居住组团级道路为居住小区内部的主要道路，它起着联系居住小区范围内各个住宅群落的作用,有时也伸入住宅院落中。其路面宽度为3~5m之间;建筑控制线之间的宽度,需敷设供热管线的不宜小于10m,无供热管线的不宜小于8m。

(4) 宅前小路

宅间小路是指直接通到住宅单元入口或住户的通路,它起着连接住宅单元与单元、连接住宅单元与居住组团级道路或其他等级道路的作用。其路幅宽度不宜小于2.5m,连接高层住宅时其宽度不宜小于3.5m。

(5) 林荫步道

住区内还可有专供步行的林荫步道,其宽度根据规划设计的要求而定,一般不小于1m。

3.1.2 道路系统的基本形式

居住区道路系统规划通常是在居住区交通组织规划指导下进行的,居住区交通组织规划可分为"人车分行"和"人车混行"两大类。在这两类交通组织体系下综合考虑城市道路交通、地形、住宅特征和功能布局等因素,来规划居住区的道路系统。居住区的道路系统在联系形式上有贯通式、环通式、尽端式三种,在布局上又有三叉型、环型、半环型、树枝型、风车型、自由型等。

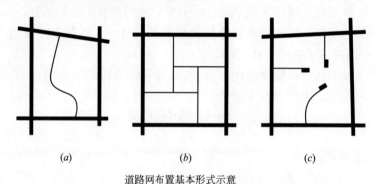

道路网布置基本形式示意

(a)贯通式;(b)环通式;(c)尽端式

3.2 住宅群体组合

住宅组群平面组合的基本形式有三种:行列式、周边式、点群式,此外还有混合式。

3.3 住宅类型

住宅类型基本分为单元式和低层花园式两大类。单元式住宅由于在水平和垂直面上空间利用的不同而产生了各种不同的单元形式。如在水平面上的变化产生了大进深式和内天井式;在垂直面上的变化产生了跃层式和错层式;又由于在垂直和水平公共交通的组织上不同的处理而产生了梯间式、内廊式和集中式等类型的住宅。现在所采用的单元住宅类型以梯间式为主。

住宅类型(以套为基本组成单位)

编号	住宅类型	用地特点
1	独院式	每户一般都有独用院落，层数1～3层，占地较多
2	并联式	
3	联排式	
4	梯间式	一般都用于多层和高层，特别是梯间式用得较多
5	内廊式	
6	外廊式	
7	内天井式	是第4、5类型住宅的变化形式，由于增加了内天井，住宅进深加大，对节约用地有利，一般多见于层数较低的多层住宅
8	点式(塔式)	是第4类型住宅独立式单元的变化，适用于多层和高层住宅，由于体形短而活泼，进深大，故具有布置灵活和能丰富群体空间组织的特点，但有些套型的日照条件可能较差
9	跃廊式	是第5、6类型的变化形式，一般用于高层住宅。每套住宅有2～3层公共走道

梯间式住宅每层联系的户数一般在2～4户之间。户数越少，由公共梯间引起的对住户的影响就越小。同时也能够更好地保证住户的私密性和良好的通风和采光条件，一般在多层住宅中采用的较多。

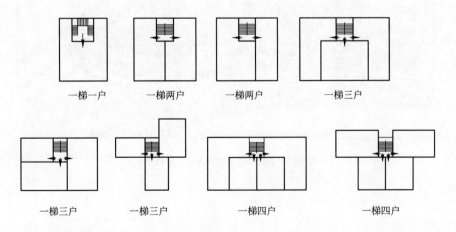

一梯一户　　一梯两户　　一梯两户　　一梯三户

一梯三户　　一梯三户　　一梯四户　　一梯四户

4. 参考图录

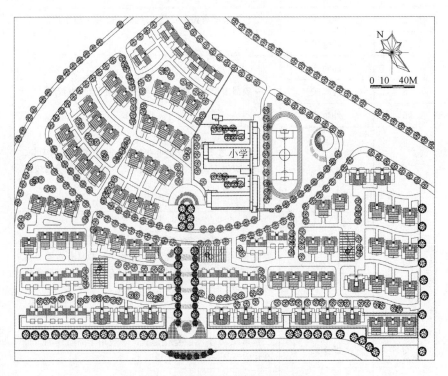

实例1. 某居住小区规划设计总平面图

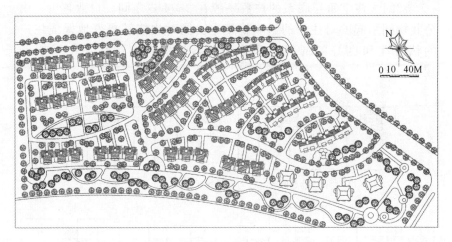

实例2. 某居住小区规划设计总平面图

施工图设计指导任务书

1. 教学目的与要求

1) 在建筑设计方案图的基础上,进行施工图设计。首先熟悉施工图内容要求、特点及工作步骤,掌握施工图设计的基本要点,并学习建筑施工图的绘制方法与要领。

2) 综合运用所学民用建筑设计原理、建筑构造以及建筑结构等课程的知识来分析问题,进一步提高设计实践能力。

2. 课程设计任务与要求

2.1 设计任务书与图纸内容

2.1.1 任务书

该课程设计是在"小区住宅方案设计"基础上进行施工图设计。本学期共十六周,前8周为住宅方案设计,后8周为施工图设计。

2.1.2 图纸内容及要求

在原有住宅小区方案设计的基础上,完成某一幢公寓住宅楼的施工图设计图纸内容及要求如下:

(1) 图纸内容

- 总平面图 1:500

要求确定建筑的定位尺寸,道路标高和室内外高低,以及清楚反映与四周建筑的关系。

- 各层平面图 1:100

半地下室自行车车库平面图;底层平面图、标准层平面图、屋顶平面图(至少这四个)。

- 立面图 1:100

南立面图、北立面图、东(或西)立面图(至少三个)。

- 剖面图 1:100

通过客厅与楼梯剖面、通过主卧与厨房(厕所)剖面(至少两个)。

- 详图 1:10~1:50

楼梯详图、外墙节点详图、屋面泛水详图。
厨房、卫生间大样图

- 建筑施工图设计说明

施工图说明包括：墙面、楼地面、屋面的材料做法说明，以及门窗明细表。

(2) 图纸要求

所有图纸一律 CAD 绘制，要求图层清楚、线性粗细有别，尺寸标注准确，字体大小适宜，最后以 A3 文本简装出图。

2.2 教学进度与要求

2.2.1 第一阶段

施工图内容的讲解，有条件的话结合现场进行施工图的识读。

2.2.2 第二阶段

平立剖面的施工图绘制。

2.2.3 第三阶段

详图绘制及与平立剖面图之间的协调。

2.2.4 第四阶段

绘制正图并编写施工图设计说明。

2.3 参考书目

1) 民用建筑工程建筑施工图设计深度图样. 中国建筑标准设计研究院，2004
2) 建筑施工图示例图集. 北京：中国建筑工业出版社，2000
3) 建筑工程设计文件编制深度规定. 建制［2003］84 号
4) 房屋建筑制图统一标准 GB/T 50001—2001
5) 高层民用建筑设计防火规范 GB 50045—95(2001 年版)
6) 民用建筑设计通则 GB 50352—2005
7) 建筑施工图表达. 北京：中国建筑工业出版社，2008

3. 设计指导要点

3.1 总平面图

总平面图所表达的内容及绘制要点

(1) 表达内容

- 总平面图表明一个工程的总体布局，用地的红线范围。
- 各建筑及构筑物之间的相对位置、道路标高及排水方向。
- 表明建筑物首层地面的绝对标高，室内为地坪。
- 用指北针或风玫瑰图表示房屋朝向和常年风向频率。

(2) 绘图要点

- 总平面图中建筑较多，但对于主体建筑(也就是当前所绘制的楼宇)其外轮廓加粗，其余部分用中粗和细线表示。
- 总图中所有尺寸和标高均有米为单位表示。

3.2 平面图

平面图是建筑施工图中最为重要基本的图纸，其他的一些图纸如立面图、剖面图以及某些详图等等，基本上多是以平面图为依据派生和深化出来的。

同时，建筑平面图也是其他工种如结构、设备、装修等进行相关技术设计与制图的重要依据，因此，建筑施工图的平面图与其他图纸相比，则更为复杂，绘制也要求更全面、准备以及简明。

平面图所表达的内容及绘制要点

(1) 底层平面图

• 表明建筑物形状、内部的布置及朝向、指北针、剖切线，以及室内为过渡台阶或坡道、室外与地坪交界处的散水布置情况和标出各部位的标高。

• 表明建筑物平面方向所有的定形、定位以及总尺寸和内外细部尺寸，通常我们说"三道半尺寸"：

第一道 外墙中门窗等定位、定形的尺寸。

第二道 所有纵横墙开间和进深的轴线尺寸。

第三道 外包总尺寸(包括砖的墙厚)，以及室内外零星的局部尺寸，我们称之半道。

(2) 二层平面图

• 二层平面图与底层所表明的基本相同，所不同的是，应画出底层入口的雨篷，以及二层平面上可观的一层屋面等。

• 表现二层的相应标高以及相关的详图索引号。

• 尺寸标注同底层，必须标注出相应的"三道半尺寸"。

(3) 楼层平面图或标准平面图

• 凡二层各房间楼道有所不同的均应该单一绘制，并标注相应的标高和尺寸。如几层相同我们可以只画一层称之标准层平面图，并标上相应的标高。

(4) 屋顶平面图

• 屋顶平面图中须表明屋顶形状、排水情况、檐沟、屋面坡度、雨水口等。

• 同时表明突出屋面的电梯机房、水箱、排烟(气)道、屋面变形缝等泛水位置，以及相应的详图索引号。

(5) 绘制要点

• 平面图中凡被剖切到的墙、柱、构件，必须用粗实线表示，未剖到面可视部分构件和部件用细实线表示(请按制图标准绘制)。

• 底层平面图中的剖切位置和投影方向线必须用粗实线表示。

• 所有的尺寸线、尺寸界限和标高符号一律用细线绘制。

• CAD绘画各种线型的图层必须分色处理。中、粗、细至少三到四种线型。

3.3 立面图

立面图主要反映建筑物四周的外貌，以及外墙用材等情况。

立面图所表达的内容及绘图要点
(1) 立面图所表达的基本内容
- 表明建筑物外墙上的门窗、台阶、雨篷、阳台等位置与形状。
- 用标高表明建筑物总高度和不同部位的高度,以及外墙主要构件(如门窗洞口、雨篷、阳台的高度)的标高,室内地坪的标高等。
- 立面图中还必须标明不同部位、不同饰面材料的做法。
- 标明建筑立面图两端的定位轴线及其编号,以便与平面图对照读图。
- 标明各详图索引符号。

(2) 绘制要点
- 立面图的外轮廓线为粗线表示。
- 立面图范围内门窗、阳台、雨篷、台阶等突出或凹入墙面,这些构件的外轮廓线可用中粗线表示。其余可见线一律细线表示。
- 立面图中与地坪交接基线也可用特粗线表示。
- 立面图中一般不注尺寸,只标标高,细线表现。

3.4 剖面图

剖面图主要表达建筑物内部的分层情况和结构形式等。

剖面图所表达的内容及绘图要点

(1) 剖面图所表达的内容
- 用标高及尺寸表明建筑物总高、室内外地坪高度、各层标高,以及门窗和阳台的高度。
- 表明建筑物主要承重构件的相互关系,各层梁板柱的位置与墙柱的关系,以及屋顶的结构形式等情况。
- 通过楼梯间的剖面还需要表明各层楼梯与楼面的关系、踏步、栏杆、楼梯平台等构件的高度相互间的关系。
- 剖面图中的高度可利用标高符号及尺寸标注等方法表示。
- 标示各详图索引符号。

(2) 绘制要点
- 凡被剖切到的墙身、楼板、屋面以及楼梯、阳台等构件均用粗线表示,而未剖切到却可视的构件一律细线表示。
- 被剖切到的主要墙体必须用轴线符号表示以便查看。
- 不同的剖面图需要不同的编号表示,如:1—1、2—2等。
- 比例较大的剖面图在绘制时,还需表明不同材料的图例。

3.5 详图

由于建筑平、立、剖面图所采用的比例常为1:100,这些图纸中无法反映各建筑的细部做法。为清楚地反映某些细部的详细构造做法及施工要求,所以通常采用1:10~1:50不同的比例来反映各细部的做法,这就产生了详图。

3.5.1 详图所表达的内容及绘图要求

(1) 楼梯详图

• 楼梯详图主要包括楼梯的平面图(底层、二层、标准层和顶层)和剖面图通常用1∶50绘制,用以表达梯段踏步的宽度、高度、休息平台的宽度及高度,同时标注清楚各部位的尺寸(尺寸必须封闭)和标高。

• 除了基本的平、剖面图外,更需要反映楼梯踏步与楼层(平台)的连接做法,踏步与栏杆的连接构造做法,以及栏杆与扶手的连接做法,同时反映出上行下行扶手的连接做法,这些详图都需要用详图索引号索引出来,并用1∶10～20的比例来反映其连接构造和施工做法,所画之处都必须标注相应的尺寸、材料与做法。

(2) 墙身详图

墙身详图主要指外墙从屋顶檐口至室外地坪至垂直方向若干墙身大样图,主要有:檐口至窗上沿大样图(包括屋面做法),窗台至楼板交接大样图(包括楼面做法),勒脚、散水与地面做法,以及墙体防潮做法,所画之处都必须标注相应的尺寸、材料与做法。

(3) 屋面泛水详图

屋面泛水详图主要包括某些凸出屋面的构件,如排烟(气)竖井、天窗、上人孔、电梯机房、变形缝等等,这些部分也是最容易漏水的地方,必须做防水处理。

3.5.2 绘图要点

• 详图种类较多,绘图时必须做好索引号和详图号的编制,否则不利寻找和看图。

• 所有节点详图凡涉及有墙体的构件都必须标注墙身轴线编号,以便阅读和查看。

• 学生最容易出现的问题就是"详图不详""所有节点详图都必须做到"有图、有尺寸",还应该"有具体的材料标准和施工做法"。

• 所绘制的详图凡被剖切到的结构体或主要部件都必须用粗线绘制,粉刷类部分可用中线或细线表示。

4. 参 考 图 录

住宅建筑设计总说明

一、设计依据:

1. ××市××区发展和改革局关于"××××××二期项目(B·E地块)"初步设计的批复-××发改中心[2008]240号

2. 各主管部门对项目初步设计的审查意见。

3. 我司所做的该项目初步设计文件。

4. ××城建设计院所做×××南二期道路总平面红线图。

5. 现行的国家有关建筑设计规范,规程及规定。主要规范有:

《民用建筑设计通则》GB 50352—2005

《夏热冬冷地区居住建筑节能设计标准》JGJ 75—2003
《住宅建筑规范》GB 50368—2005
《民用建筑设计防火规范》GB 50016—2006
《住宅建筑标准》DBJ 08—20—2007
《城市道路和建筑物无障碍设计规范》JGJ 50—2001

二、工程概述：

1. 建筑名称：××××××南二期B区
2. 建设地点：××市××区××文化村
3. 建设单位：×××××××有限公司
4. 设计的主要范围：A型房：2号～4号、11号、12号、18号、22号、24号～26号、28号、31号、33号、34号、37号～42号、46号、47号房
5. 本工程技术经济指标详见建施总平面图，单体面积指标详见各号房底层平面分层面积表。
6. 建筑结构体系：框架结构　　　建筑结构类别：丙类
   主体结构合理使用年限：50年　　抗震设防烈度：7度
7. 防火设计的建筑分类：4～6层多层住宅　建筑物耐火等级：二级

三、设计标高：

1. 本工程±0.000相当于绝对标高（吴淞高程）见各单体设计及总平面图，室外场地标高见总平面图。
2. 各层标高为建筑完成面标高。
3. 本工程标高以m为单位，总平面尺寸以m为单位，其余尺寸以mm为单位。

四、墙体工程：

1. 本工程外墙填充墙体为240厚砂加气混凝土砌块，内墙分隔墙体为200(100)厚砂加气混凝土砌块，材料性能及构造做法应严格按照06CJ05《蒸压轻质砂加气混凝土砌块和板材建筑构造》，所有相关施工材料均应采用专用配套材料。
2. 本工程厨卫管道井墙体为100厚砂加气混凝土砌块砌筑。
3. 墙体与钢筋混凝土墙，柱连接处应先在混凝土墙体及板底连接处表面刷界面剂并按构造要求配置拉结钢筋，详细做法见结施总说明，并沿缝两侧应设各300宽镀锌钢丝网片（直径0.7mm，网格10×10mm)固定，然后做面层。
4. 除砌筑在钢筋混凝土地梁上的墙体外，其余墙体均在室内地坪标高以下60mm处设防潮层，做法为：60厚C20细石混凝土内配3ϕ6，箍筋为ϕ4@300。当室内地坪有高差时，在二道防潮层间墙体的室外一侧做20厚1∶2水泥砂浆加5%防水剂。
5. 卫生间及其他潮湿房间与相邻房间隔墙下端浇筑300高C20细石混凝土墙坎，厚度同上部墙体。

6. 居室临电梯井道的墙体须做隔声处理。具体做法如下：电梯井道墙外做 50×50 木龙骨，内填 50mm 厚矿棉或岩棉，面做 10mm 厚无石棉硅酸钙建筑平板。

7. 凸窗板、雨篷、阳台、空调机搁板等外凸线脚处墙体均须做不小于 100mm 高的上翻梁，两边各伸入墙体 100mm。

8. 与屋顶平台相邻的外墙须做 300mm 高钢筋混凝土翻梁。

9. 墙体留洞及封堵。

9.1 钢筋混凝土墙体上的留洞位置详见建施及设备图，留洞做法详见结施图。

9.2 砌筑墙体上的留洞位置详见建施及设备图。

五、层面工程：

1. 本工程的屋面防水等级为Ⅱ级，防水层合理使用年限为 15 年。

2. 屋面构造做法根据节能计算要求在附表 1 中选用。

3. 屋面排水组织见屋顶平面图，内排水雨水管位置见建施图，排水组织见水施图；排水采用 UPVC 落水 头子和落水管，管径为 $\phi 100$ 或等截面的方管。

4. 檐沟或女儿墙内天沟纵向泛水坡度为 1‰，坡向落水口。

5. 屋面上的各设备基础的防水构造详见 03J930-1。

6. 阳台落水采用 $\phi 75$UPVC 落水管或同等截面的方管。

7. 凡高跨屋面落水管在低跨屋面转换处，雨水管下方应设 300×300×60 的 C20 细石混凝土挡水板（内配 $\phi 4$@200 双向）。

六、门窗工程：

1. 门窗的型材断面和玻璃厚度由专业厂家根据单体设计图纸进行具体深化设计，并应符合《建筑玻璃应用技术规程》、《建筑安全玻璃管理规定》、发改运行［2003］2116 号及地方主管部门的有关规定。外门窗（含阳台门的透明部分）应采用节能设计，详第十四款。

2. 建筑外门窗抗风性能等级为 2 级，气密性能等级为 3 级（社区配套用房为 4 级），水密性能等级为 3 级。

3. 面积大于 $1.5m^2$ 的窗玻璃、大于 $0.5m^2$ 的门玻璃、离地高度低于 500 的窗玻璃的外开窗均应采用安全玻璃，安全玻璃的选用应符合相关规范及规定，（中空玻璃窗凡须用安全玻璃时，应内外层均采用安全玻璃）

4. 门窗平，立面均表示洞口尺寸，门窗加工尺寸要按照装修面厚度由承包商予以调整。

5. 门窗立档除特殊注明外均居中立档，内门仅预留 2150 高门洞和预留木砖。

6. 管道竖井门设 150 高 C20 细石混凝土门槛，宽度为 100。

7. 门窗的规格、数量造型及特殊制作要求详见门窗表及附注说明。

8. 门窗的型材、色彩详见《外墙饰面材料、色彩一览表》。

9. 除单体特殊注明外，所有住宅底层、二层、沿露台的住户外门窗均须加设红外报警系统或门(窗)磁系统或其他防盗设施。

七、外装修工程：

1. 外装修设计和做法详见立面图索引及《外墙饰面材料，色彩一览表》。

2. 外墙做法根据节能计算结果和饰面要求在附表2中选用，外墙门窗洞口、凸窗四周、阳台、勒脚、墙体变形缝等细部做法详见《墙体节能建筑构造》06J123。

3. 外门窗顶板底、阳台板外边、挑檐口、雨篷、空调机搁板外口等处需粉出滴水线。

4. 立面引条线，面砖勾缝划分及做法详见外立面详图。

5. 有专项设计资质的承包商进行二次设计的轻钢结构、装饰物等，必须征得建筑设计单位同意并签字后方可施工，并应向设计单位提供预埋件的设置要求。

6. 凡外侧无遮挡的雨水管，斗均采用同外墙接近的颜色。（遇外墙色彩变化处做相应改变）

7. 外墙变形缝的铝合金盖板采用同邻近外墙接近的颜色。

8. 外装修选用的各项材料其材质、规格、颜色等，均由施工单位根据设计要求提供样板和现场实样，经建设和设计单位确认封样后方可施工并据此验收。

9. 外墙饰面材料、色彩一览表：

部位	外墙1	外墙2	外墙3	门窗	金属栏杆	檐口线角	窗台
材质	花岗岩	劈后砖	弹性涂料	铝合金	钢管	弹性涂料	铝板
色彩	古典棕	浅褐色	浅黄灰/暖灰色	深灰色	深灰色	浅黄灰	暖灰色

八、内装修工程：

1. 内装修工程执行《建筑内部装修设计防火规范》，楼地面部分执行《建筑地面设计规范》。

2. 本工程为装修房，本说明仅提供面层基本做法，面材等具体装修设计详见装修施工图。

3. 楼地面构造交接处和地坪高度变化处，除图中另有注明者外均位于齐平门扇开启面外。

4. 凡有地漏的房间、阳台、楼地面除特注外均以1‰坡向地漏，且其楼地面建筑面层较相邻房间落低20mm。

5. 公共部位的室内装修材料的选用以及影响公共空间效果的电梯门、消防箱、防火门、分户门、信报箱、灯类具等，均应先施工单位提供样板，经建设和设计单位确认封样后方可进货和施工。

6. 地坪做法：

6.1 厨房。卫生间：素土夯实，60厚碎石夯实，80厚C15素混凝土垫层(内配双向$\phi8@150$钢筋网，管道出外墙外预留1m宽不配筋)，1.2厚JS防水涂料(沿墙翻起250mm，门口向外刷出300mm)，1：3水泥砂浆找坡兼结合层(1‰坡向地漏,最薄处20mm),防滑地砖饰面。

6.2 门厅。楼梯间:素土夯实,60厚碎石夯实,80厚C15素混凝土垫层(内配双向$\phi 8@150$钢筋网,管道出外墙外预留1m宽不配筋),1.2厚JS防水涂料,15厚1:3水泥砂浆找平,5厚1:1水泥砂浆结合层,防滑地砖饰面。

6.3 居室。厅:素土夯实,60厚碎石夯实,80厚C15素混凝土垫层(内配双向$\phi 8@150$钢筋网,管道出外墙外预留1m宽不配筋),1.2厚JS防水涂料,45厚强化复合木地板或地砖面层。

6.4 社区商业及配套用房:面层以下同上,20厚1:3水泥砂浆找平,预留45厚面层。

7. 楼面做法:

7.1 地下室:本项目无。

7.2 居室、厅:钢筋混凝土楼板,45厚强化复合木地板或地砖面层。

7.3 厨房、卫生间:钢筋混凝土楼板,1.2厚JS防水涂料(沿墙翻起250,门口向外刷出300),1:3水泥砂浆找坡兼结合层(1‰坡向地漏,最薄处20),防滑地砖饰面。

7.4 阳台:钢筋混凝土楼板,1.2厚JS防水涂料,水泥砂浆找坡结合层,1‰坡向地漏,最薄处15(厚度超过35处改为C20细石混凝土底,上做5厚1:1水泥砂浆结合层)防滑地砖饰面。

7.5 楼梯间:钢筋混凝土楼板,15厚1:3水泥砂浆找平,5厚1:1水泥砂浆结合层,防滑地砖饰面。

7.6 屋顶夹层:钢筋混凝土楼板,30厚C20细石混凝土面层,随捣随光。

8. 内墙做法:

8.1 地下室:本项目无。

8.2 厨房、卫生间:专用防水界面剂,面刷1.2厚JS防水涂料,12厚1:3聚合物水泥砂浆,专用粘结剂粘贴面砖。

8.3 社区商业及配套用房:专用界面剂,6厚1:3聚合物水泥砂浆2遍,白水泥批平。

8.4 其他房间:专用界面剂,6厚1:3聚合物水泥砂浆2遍,刷白色内墙涂料二度。

8.5 居室,厅,阳台做150高水泥砂浆暗踢脚,分二次粉。

8.6 楼梯间做150高地砖踢脚,做法为:6厚聚合物水泥砂浆2遍,地砖饰面。

8.7 室内墙、柱的阳角及门洞的两侧离楼地面2100高范围内做水泥砂浆护角线,每边宽大于50。

9. 平顶做法:

9.1 阳台、雨篷:钢筋混凝土楼板打磨修补平整,白水泥分两次批平,白色外墙涂料二度。

9.2 地下室所有房间：钢筋混凝土楼板底刷素水泥浆一道，白色内墙防霉涂料二度。

9.3 其他房间：钢筋混凝土楼板打磨修补平整，白水泥分两次批平，白色内墙涂料二度。

九、油漆工程：

1. 一般明露木制品均做一底二度调合漆，不露明须满涂沥青防腐。凡铁构件刷防锈漆一度，调合漆二度，色另定。

2. 各种油漆涂料均由施工单位制作样板，经确认封样后方可施工。

十、室外工程：

1. 室外台阶、坡道、明沟、窗井、庭院围墙等工程详见各单体设计图纸。

2. 室外道路、停车位等做法详见总体道路设计图纸。

3. 底层入口处踏、平台等须待户外管道施工完毕后方可进行。

十一、建筑设备、设施工程：

1. 厨房安装垂直集中排烟气系统，暗卫生间设垂直集中排气系统，系统详见07J916-1。

2. 厨房内除厨房洗涤盆、卫生间马桶外其他设备均为预留位置。

十二、无障碍设计：

1. 本工程的无障碍设计执行《城市道路和建筑物无障碍设计规范》JGJ 50—2001。

2. 建筑入口、入口平台、公共走道为无障碍设计范围，除建筑入口、入口平台见单体设计外，其他内容的具体做法如下：

3. 公共走道：走道两侧应设扶手；两侧墙面应设高350mm的护墙板；转角处的阳角应为弧墙面或切角墙面；走道内不得设障碍物；从墙面伸入走道的突出物不应大于100mm，距地面高度应小于600mm。

附表1	编号	名称	用料做法
屋面	屋面1	上人保温平屋面（倒置法，Ⅱ级防水）	a. 室外型架空木格栅地面
			b. 40厚C20细石混凝土(内配ϕ4@150双向钢筋网，掺防水剂)，分格缝间距≥3m，PVC油膏嵌缝，250宽自粘型橡胶沥青卷材盖缝
			c. 30厚(社区配套用房及商业屋面为50厚)挤塑聚苯保温板
			d. 3厚自粘型橡胶沥青防水卷材一道
			e. 20厚1:3水泥砂浆找平层
			f. 加气混凝土找坡(最薄处30厚)，坡度2%
			g. 现浇钢筋混凝土屋面板
	屋面2	不上人保温平屋面（倒置法，Ⅱ级防水）	同屋面1中b~g层

续表

附表1	编号	名称	用料做法
屋面	屋面3	坡屋面 (倒置法，Ⅱ级防水)	a. 40 圆钉将混凝土平瓦与挂瓦条钉牢
			b. 杉木挂瓦条 30×25(h)，中距按瓦材规格
			c. 杉木顺水条 30×25(h)，中距 500，固定用 4×60 水泥钉@600
			d. 30 厚 C20 细石混凝土(内配 φ4@150×150 钢筋网与屋面板预埋 φ10 钢筋绑牢)
			e. 30 厚挤塑聚苯乙烯泡沫塑料板保温层
			f. 3 厚自粘型橡胶沥青防水卷材一道
			g. 20 厚 1：3 水泥砂浆找平层
			h. 现浇钢筋混凝土屋面板，预埋 φ10 钢筋头@600 双向，伸出保温层面 50

说明：1. 排水明沟中保温层应跟通。

附表2	编号	名称	用料做法
外墙	外墙1	涂料饰面	a. 涂料饰面(高分子乳液弹性底涂＋柔性耐水腻子＋弹性涂料面层)
			b. 6 厚聚合物水泥砂浆 2 遍
			c. 2 厚专用界面剂
			d. 基层砂加气混凝土砌块墙体
	外墙2	面砖(石材)饰面	a. 5 厚专用粘结剂粘贴面砖(粘贴石材时，每 600 高安装金属托角条)加勾缝剂
			b. 6 厚聚合物水泥砂浆 2 遍，划出纹道
			c. 钉设镀锌钢丝网片，直径 1.0mm，网孔 10mm×10mm
			d. 2 厚专用界面剂
			e. 基层砂加气混凝土砌块墙体
	外墙3	XPS 板外保温涂料饰面	a. 涂料饰面(高分子乳液弹性底涂＋柔性耐水腻子＋弹性涂料面层)
			b. 5 厚聚合物抗裂砂浆(压入耐碱玻纤网格布)
			c. 专用粘结胶粘贴 20 厚 XPS 板
			d. 檐口、线脚、空调板等局部混凝土构件(采用保温块外保温梁柱除外)

说明：1. 外保温处具体构造做法详见《蒸压轻质砂加气混凝土砌块和板材建筑构造》(06CJ05)及《墙体建筑节能构造》(06J123)

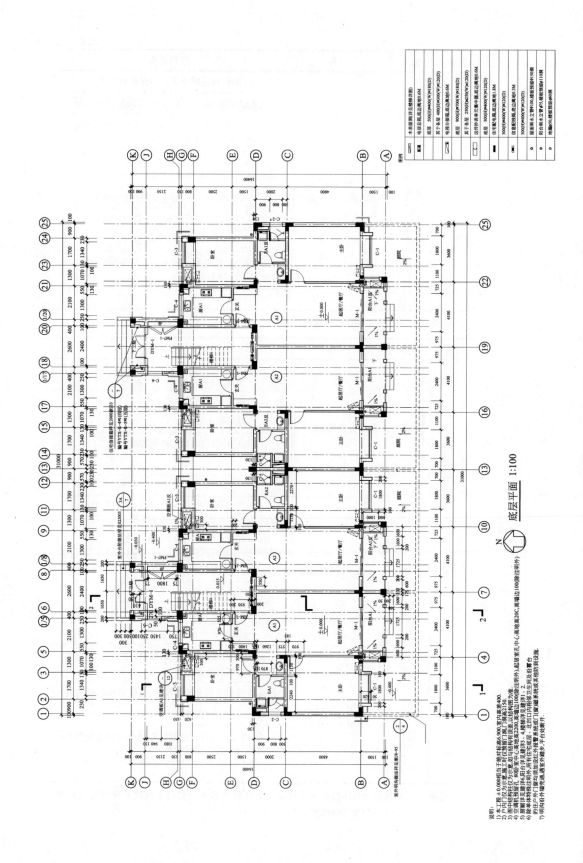

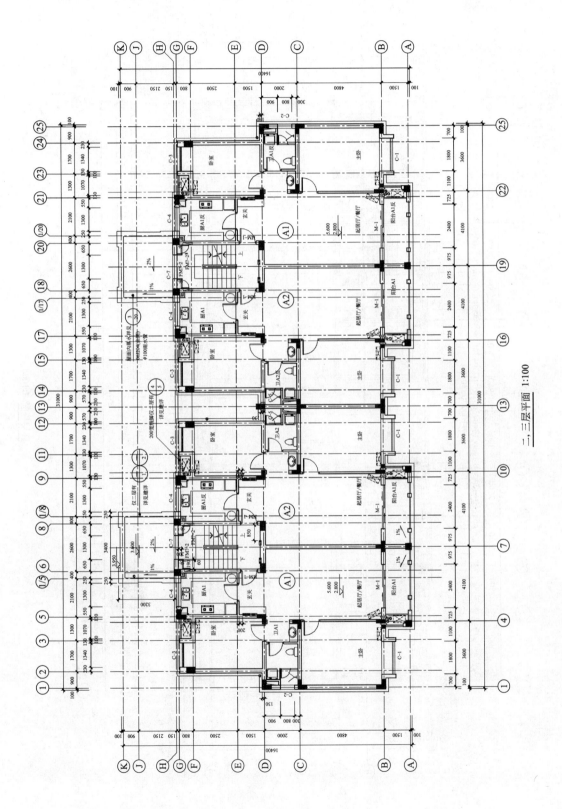

四层平面 1:100

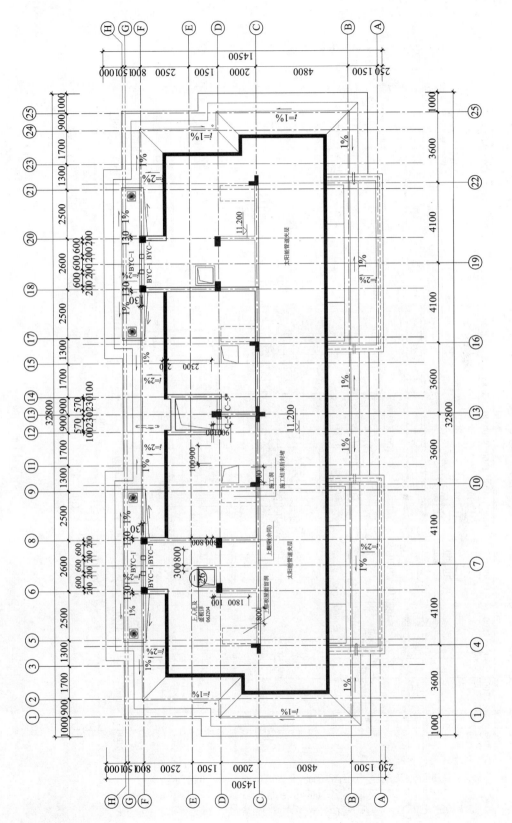

夹层平面 1:100

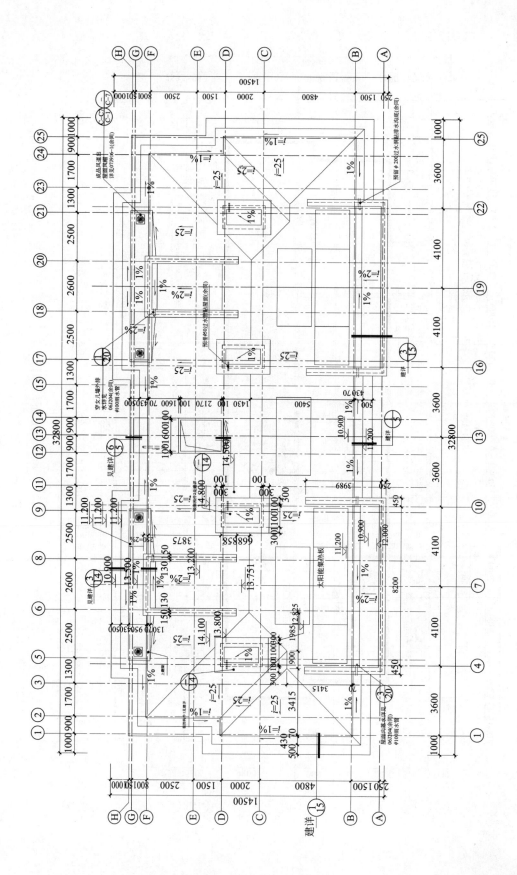

屋顶平面 1:100

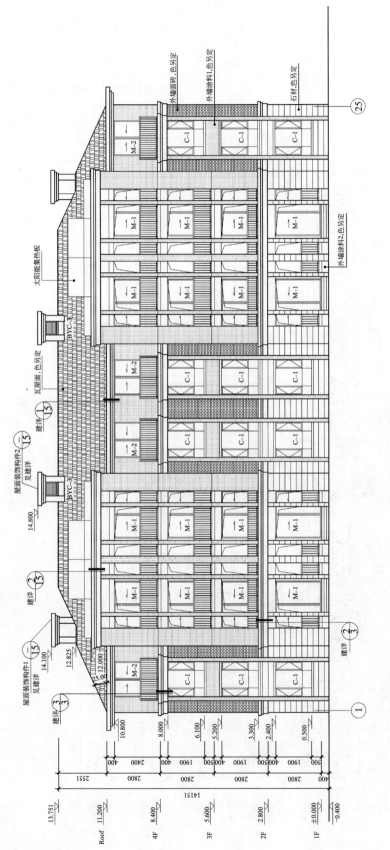

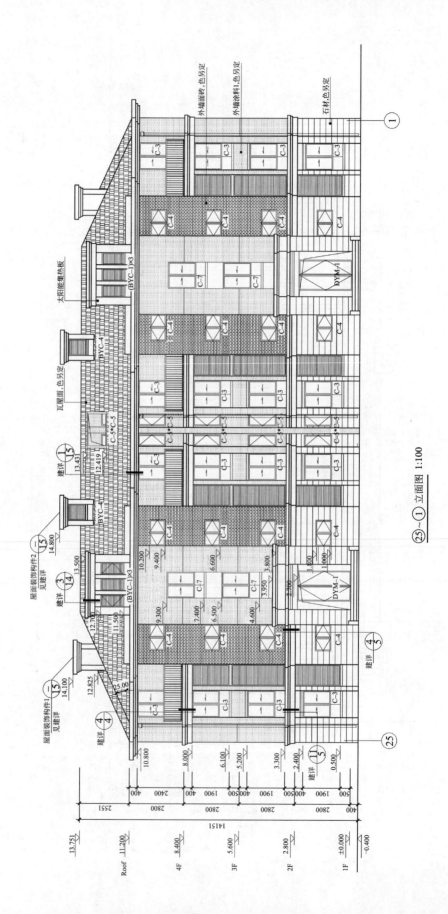

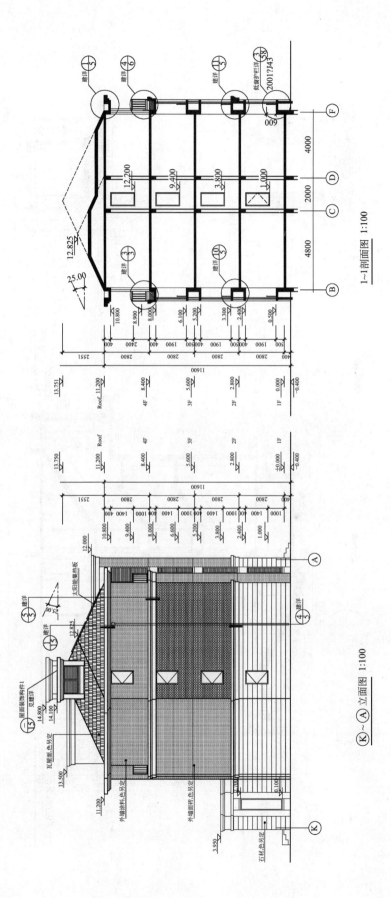

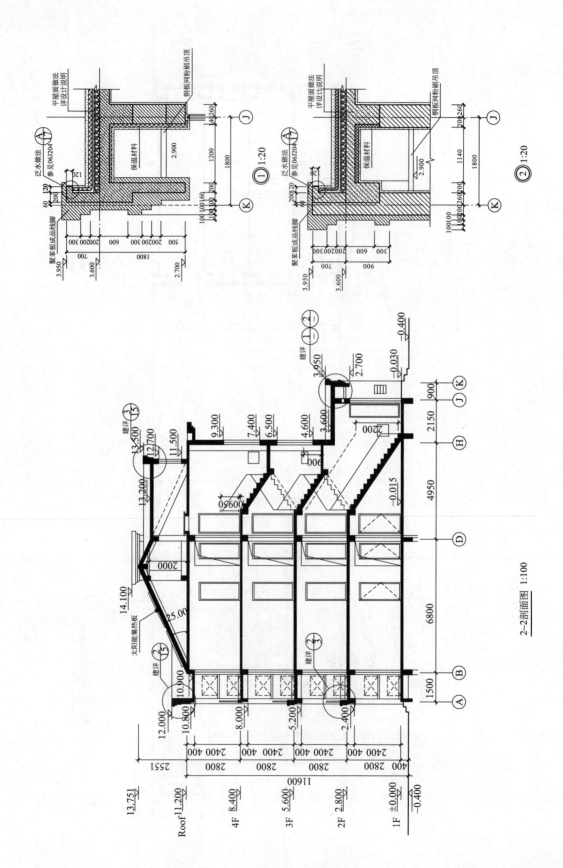

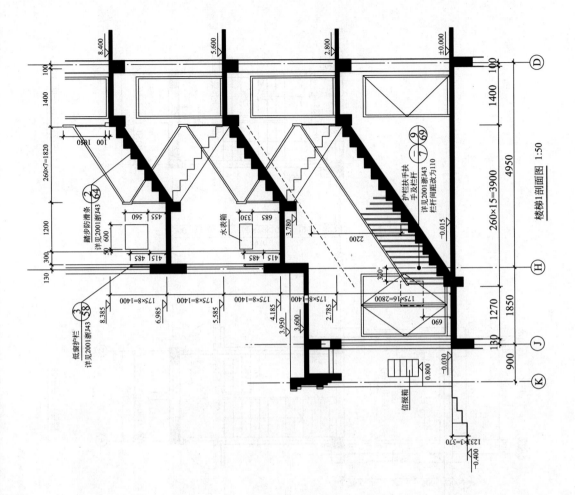

楼梯1剖面图 1:50

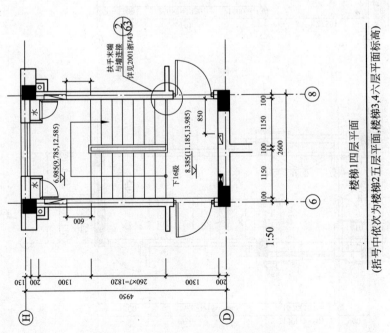

楼梯1四层平面
(括号中依次为楼梯2五层平面,楼梯3、4六层平面标高)

1:50

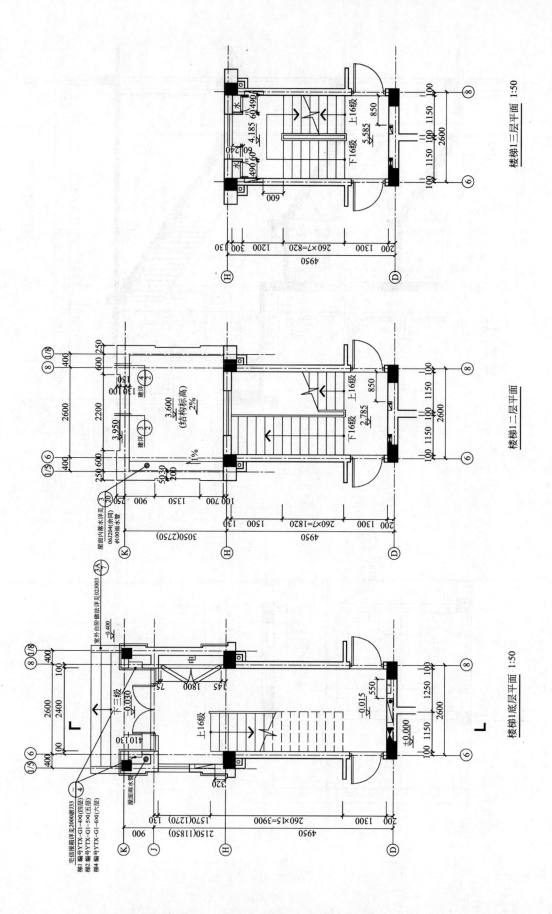

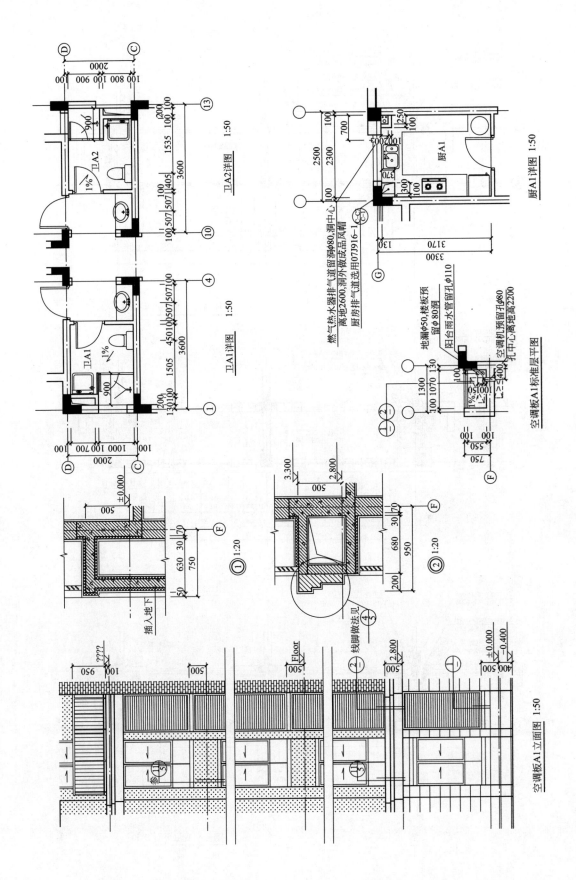

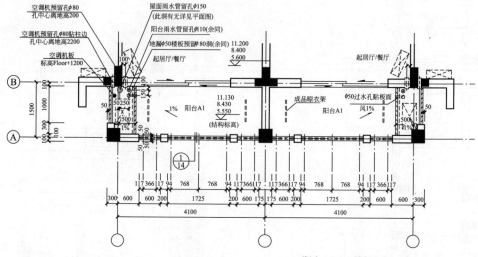

阳台A1三~五层平面 1:50

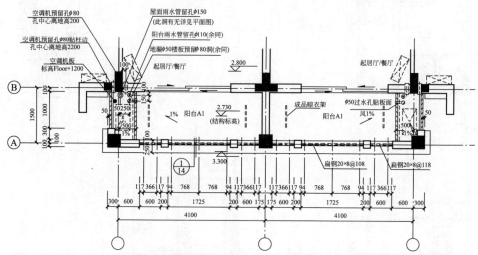

阳台A1三层平面 1:50

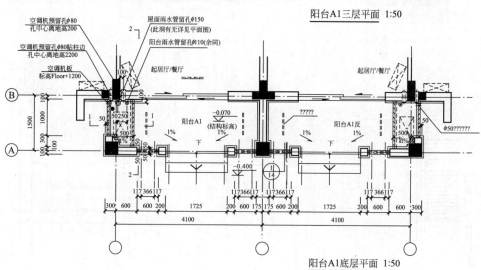

阳台A1底层平面 1:50

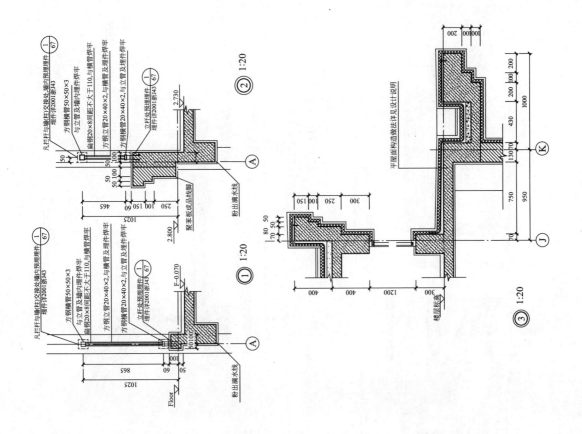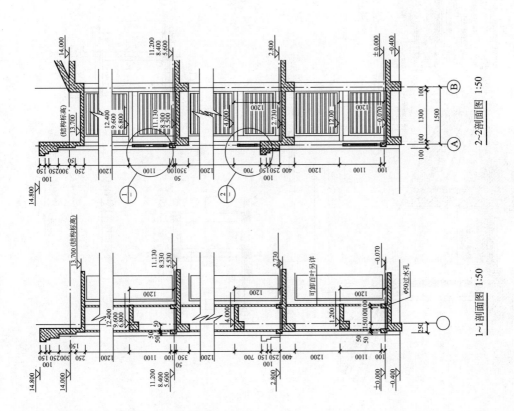

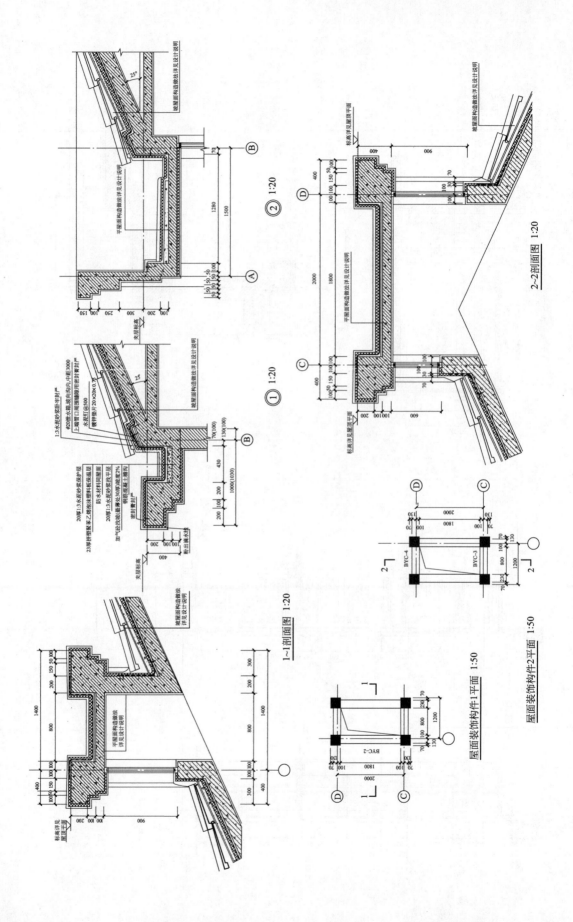